반려동물
심장병 안내서

조공 기획 | 강민희·박희명 외 7인 지음

조공

서문

안녕하세요. 반려동물 식품 브랜드 조공 대표 이미리입니다. 저는 사랑하는 강아지를 떠나보낸 아픈 기억이 있습니다. 저의 작고 하얀 강아지가 심장병에 걸릴 확률이 높다는 사실을 미리 알았더라면, 또한 심장병에 대한 전문 지식을 온전히 접할 수 있었더라면 내 곁에 좀 더 머물다 갈 수 있었을까 하는 회한에 잠긴 날이 많았습니다.

아이가 폐수종으로 응급실에 실려 가서야 심장병이라는 사실을 알았습니다. 보호자로서 할 수 있는 일이라고는 후회 없이 최고의 케어를 해주겠다는 의지를 굳게 다지는 것뿐이었습니다. 문제는 그 의지가 항상 더 좋은 방향으로 아이를 이끌지는 못했다는 점입니다.

아이가 건강할 때 잘해주지 못한 것에 대한 후회, 그리고 심장병 및 그로 인한 신장 문제에 무지했던 저에 대한 자책 때문에 아이가 떠난 뒤 한동안 아무것도 할 수 없었습니다. 제 아이와 같은 동물들을 돕는 일을 하겠다고 다짐한 후에야 죄책감에서 조금이나마 벗어날 수 있었습니다.

그 약속의 첫 결과물로 이 책을 내놓습니다. 이 책에는 심장의 구조와 기능에 대한 기본적인 설명부터 심장병이 무엇인지, 각 질환은 어떠한 과정으로 진행되며 치료법은 무엇인지에 대한 전문적 지식을 담았습니다.

질병과 관련된 식이 관리법을 포함하여 인터넷에서 파편적으로 얻을 수 있는 정보가 아닌, 심장과 관련된 질병에 대해 정확하고 전문적인 정보를 알고 자세히 공부하려는 분들께 도움이 될 만한 내용들을 최대한 설명하고자 하였습니다.

이 지면을 빌어 저희 프로젝트에 흔쾌히 참여해 주신 강민희 교수님과 박희명 교수님, 그리고 일곱 분의 수의사 선생님께 감사드립니다. 연구와 진료로 바쁘신 와중에도 책의 기초적인 구상부터 집필까지 기꺼이 참여해 주셨기에 이 책이 세상에 나올 수 있었습니다.

오랜 시간 준비했던 출판 프로젝트를 완성했지만 행복했던 기억은 여전히 흐릿하고, 후회만 가슴에 남아 저를 아프게 합니다. 많은 동물들이 행복했으면 하는 바람으로 시작한 일이지만 실은 제 아이에 대한 죄책감에서 벗어나고 싶은 몸부림에서 비롯된 일이기도 했음을 이 자리를 빌어 고백합니다.

앞으로도 오렌지 웨이브*에서는 반려동물들을 위해 더 많은 프로젝트를 진행할 예정이며, 바르고 건강한 식품을 통해 반려동물의 행복한 미래를 그려 나갈 계획입니다. 이 글을 읽는 분들 중에 저희의 발걸음에 공감하는 분들이 계신다면 오렌지 웨이브의 긴 여정에 함께해 주셨으면 좋겠습니다.

감사합니다.

2022년 4월

조공 대표 **이미리 드림**

---

* 오렌지 웨이브(ORANGE WAVE)란?
프리미엄 반려동물 식품 브랜드 조공의 사회 공헌 브랜드입니다.
우리의 작은 물결들이 모이면 큰 파도가 될 수 있다는 믿음에서 출발하였으며,
바르고 건강한 식품을 통해 반려동물의 행복한 미래를 그려 나갑니다.

이 책을 읽으실 분들께

이 책에 대한 첫인상은 특정 질병에 관하여 이해하기 쉽게 정리되어 있으며 동시에 전문적인 지식을 빠뜨리지 않고 자세히 기술된 책이라는 것이었습니다.

심장병과 신장병은 강아지와 고양이를 반려하는 보호자분들이라면 가장 흔하게 접할 수 있는 질병입니다. 따라서 수의사라면 반드시 숙지하고 수련해야 할 질병이며 보호자들에게는 언제든 다가올 수 있는 위험 요소입니다. 이 책은 반려동물의 심장병에 관한 정보와 지식을 알기 쉽게 설명하고 있어 보호자분들께 당장 눈앞에 닥친 위험에 대처할 수 있는 방법을 알려줍니다. 그뿐만 아니라 수의대 학생들에게도 도움을 줄 수 있는 책으로 다가옵니다. 방대한 지식이 가급적 쉬운 언어로 정리되어 있기 때문에 보호자분들과 소통을 하는 데 있어서 필요한 역량을 기르는 데 큰 도움이 될 듯합니다.

그럼에도 보호자분들께는 아이들 간의 편차나 아이의 상태에 따른 변수는 분명 존재할 수 있음을 당부드리고 싶습니다. 주치의와의 충분한 대화를 통해 내 아이의 구체적 상태를 파악하는 것을 선행하여 일반론적으로 쓰여진 이 책을 함께 참고하시면 더욱 도움이 될 것으로 생각됩니다.

— 임상 2년차 수의사

반려동물과 함께 한다는 것은 아이가 눈을 감는 날까지 평생 이어지는 마라톤을 달리는 것과 같습니다. 심장병이나 신장병을 앓는 아이를 둔 보호자들에게는 조금 더 힘든 여정이 되겠지요. 그런데 제아무리 의지력 넘치는 마라토너라도 자기가 달리는 길을 모른 채로 그저 다리만 움직인다면 곧 슬럼프에 빠지거나 경로를 이탈하게 될지도 모릅니다.

이 책에는 장기의 구조와 기능부터 시작하여 주요 질환들이 진행되는 과정과 그에 따라 필요한 검사와 치료법, 그리고 식이까지 보호자에게 필요한 설명이 삽화와 함께 최대한 어렵지 않게 담겨있습니다. 인터넷에 무분별하게 떠도는 부정확한 정보의 홍수 속에서 수의학 전문가들의 참여로 자세하고 정확한 정보를 전해 주는 이 책이 초보 보호자들에게는 올바른 길라잡이이자 훌륭한 기본서가 되어 줄 것입니다.

평생의 마라톤에 대비하여 깊게 공부하고 싶은 보호자들뿐만 아니라 신장병과 심장병이라는 레이스에 선 마라토너 보호자들에게도 모두 추천 드리며 이 책을 통해서 반려동물과 함께하는 길이 조금 더 편안하고 행복하길 바랍니다.

— 임상 3년차 수의사

저는 심장병으로 투병하던 아이를 보내고 이제야 겨우 펫로스신드롬(pet loss syndrome)에서 회복되고 있는 수의사입니다. 학생 시절 저희 강아지가 폐수종으로 응급 처치를 받았다는 연락을 받고 어떻게 해야 할지 잘 몰라서 막막했던 적이 있습니다. 수의대는 다니고 있었지만 아직 내과학을 배우기 전이라 심장병에 대해서 잘 모르던 때였기 때문입니다. 저희 강아지는 폐수종으로 입원했던 그날로부터 3년을 더 살았습니다. 아주 건강하지는 않았지만 무지개다리를 건너는 날까지 씩씩하게 함께 시간을 보내준 것에 감사했습니다. 주변에서는 제가 수의대생이라 아이를 잘 알고 잘 돌보았기 때문에 3년이라는 시간 동안 곁에서 잘 버텨준 것이라고 생각들을 하지만 사실은 그렇지 않습니다. 저보다는 오히려 오랜 기간 하루도 빼놓지 않고 처방약을 아침저녁으로 정성스레 먹이며 보살펴 주신 저의 부모님 덕분입니다. 부모님께서는 주치의 지시에 따라 잠잘 때 숨을 몇 번이나 쉬는지 수시로 세어 보셨고 오줌의 횟수와 그 양도 항상 관찰하며 아이를 정성으로 보살펴 주셨습니다. 그 덕분에 아이는 떠나는 날까지 활기차게 지낼 수 있었습니다.

조공의 심장병, 신장병 안내서는 수의사인 제가 읽어도 수의학 교과서 같다고 느껴질 정도로 깊이 있는 부분이 있습니다. 수의사의 진심을 담은 가이드라인이 담겨있는 만큼 전문가가 아닌 일반 보호자님들도 주의 깊게 읽어 보신다면 양질의 지식을 습득하실 수 있을 것 같습니다. 이 책을 통해 아이를 보살피는 데 필요한 지식을 얻어 아이가 오랫동안 보호자님 곁에서 행복하게 지내는 데 도움이 되기를 바랍니다.

— 임상 2년차 수의사

꼭 읽어주세요!

> 질병의 진단 및 치료에 관한 사항은 아이들을 직접 돌보고 진단하는 수의사의 의견을 우선해야 합니다. 일반론보다는 개별 아이의 특수성이 고려되어야 하기에 내 아이의 상태를 가장 잘 아는 주치의의 의견을 반드시 우선해주시기 바랍니다.

1. 이 책에 수록한 심장 관련 질환은 상대적으로 흔하게 발병하는 질환입니다. 일찍 발견한다면 아이들이 건강하게 지낼 시간을 늘릴 수 있습니다. 초기 단계에 질병을 발견할 수 있도록 동물병원에서 주기적인 정기검진을 받아보실 것을 추천드립니다.

2. 아이들의 병을 정확하게 진단하고 알아내기까지는 많은 검사가 필요하고, 경우에 따라 큰 치료 비용이 들 수 있습니다. 평소 병원비 목적의 예적금 등에 가입해 꾸준히 예비비를 모아두는 게 좋습니다.

3. 현재 질환을 앓고 있는 아이라면, 추가적인 영양제 급여나 식이 조절은 반드시 수의사와 상의 후 결정하시기 바랍니다. 아이의 질병 종류와 상태에 따라 적합한 영양제 종류와 양 등이 달라질 수 있기 때문입니다.

4. 처방받은 약의 복용량을 임의로 줄이거나 복용을 중단하면 아이들을 위험하게 할 수 있습니다. 약 복용과 관련한 의사결정은 반드시 수의사와 상의 후 진행해 주세요.

5. 병원에 전화나 이메일로 문의하는 것만으로는 아이의 상태에 대해 정확한 진단을 할 수 없습니다. 상태가 좋지 않다면, 지체하지 말고 내원해야 늦기 전에 소중한 아이의 건강을 지킬 수 있습니다.

6. 정말 슬픈 일이지만, 올바른 치료 중에도 아이가 갑작스레 우리 곁을 떠나는 경우가 있습니다. 병원에서 처방받은 약을 먹이면서 매일 아이의 상태를 지켜보고 호흡수, 음수량, 소변량 등을 꾸준히 체크해 주셔야 합니다.

조공 편집팀 드림

목차

	서문	3
	이 책을 읽으실 분들께	5
	꼭 읽어주세요!	8
제1장	**심장의 구조와 기능**	15
	1. 심장은 어떻게 생겼나요?	16
	2. 심장에 연결된 혈관은 어떤 것들이 있나요?	20
	3. 판막 질환이 많다는데, 판막이 무엇인가요?	24
	4. 동물 간에는 심장 구조의 차이가 있나요?	28
	5. 심장은 어떻게 뛰나요?	30
	6. 심장의 움직임에 이상이 생기면 어떻게 알 수 있나요?	32
제2장	**심장병 이해하기(part I)**	35
	1. 심장병이란?	36
	2. 개와 고양이의 심장병은 어떻게 다른가요?	38
	3. 심장병이 생기면 어떤 증상이 발생하나요?	44
	1) 운동하기 힘듦(exercise intolerance)	44
	2) 기침	44
	3) 호흡 곤란	44
	4) 청색증	45

5) 복수, 흉수	45
6) 기절	45
7) 뒷다리 마비	46

4. 심장 질환에 취약한 개·고양이의 품종   47
    1) 이첨판 질환에 걸리기 쉬운 품종   47
    2) 확장성 심근병증에 걸리기 쉬운 품종   48
    3) 비대성 심근병증에 걸리기 쉬운 품종   49

제3장   심장병 이해하기(part II)   51

1. 심장에 문제가 생기면, 몸에 어떤 일이 일어나나요?   52

2. 심장에 문제가 생긴 것을 어떻게 알 수 있나요?   55
    1) 기침   55
    2) 쇠약해지고 운동하기 힘들어함   55
    3) 호흡 곤란   56
    4) 체중 감소   56
    5) 실신   56
    6) 복수   57
    7) 청색증   57

3. 심장병 진단을 위해 어떤 검사가 필요한가요?   59
    1) 기본 검사   59
       ① 신체검사   59
       ② 청진   60
       ③ 혈압 측정   61
    2) 정밀 검사   65
       ① 심전도 검사   65

② 홀터 검사 66
③ 방사선 검사 67
④ 심장 초음파 검사 69
⑤ 심장 바이오마커 검사 70
4. 심장병 단계에 따라 관리 방법이 다른가요? 72
5. 심장병의 단계별 치사율 및 예상 수명 76

제4장 선천적으로 심장이 약한 아이들 79
1. 선천성 심장병이 무엇인가요? 80
2. 선천성 심장병의 종류 및 많이 발생하는 품종 82
    1) 동맥관 개존증(patent ductus arteriosus, PDA) 84
    2) 대동맥하 협착증(subaortic stenosis, SAS) 85
    3) 폐동맥판 협착증(pulmonic stenosis, PS) 85
    4) 심실 중격 결손(ventricular septal defect, VSD) 85
    5) 심방 중격 결손(atrial septal defect, ASD) 86
    6) 방실 판막 기형(이첨판 이형성, 삼첨판 이형성) 86
    7) 팔로사징(tetralogy of fallot) 87
    8) 혈관고리 기형(vascular ring anomalies) 87
    9) 삼심방증(cor triatriatum) 87
    10) 심장내막 탄력섬유증(endocardial fibroelastosis) 88
3. 선천성 심장병의 치료 및 관리 방법 89
    1) 동맥관 개존증의 치료 90
    2) 폐동맥판 협착증의 치료 91
    3) 심실 중격 결손의 치료 92
    4) 심방 중격 결손의 치료 92

	5) 이첨판·삼첨판 이형성의 치료	92
	6) 팔로사징의 치료	93
	7) 혈관고리 기형의 치료	93
	8) 삼심방증의 치료	93

제5장 심장병 치료 시 주의사항 97

1. 약물을 먹일 때 주의해야 할 사항이 있나요? 98
    1) 전반적인 주의사항 98
    2) 약물별 주의사항 및 부작용 102
2. 이뇨제를 먹이면 신장이 나빠지지 않나요? 104
3. 심장병을 관리하면서 신장을 보호할 방법은 없나요? 108

제6장 심장병과 식이 관리 111

1. 간식과 사료 라벨에서 꼭 확인해야 할 영양 성분 112
2. 함께 주면 도움이 되는 영양제 118

제7장 심장병이 있는 아이들의 보호자가 꼭 알아야 할 점 123

1. 평상시 관리 방법 - 흥분과 스트레스 관리 124
    1) 운동 제한 125
    2) 클래식 음악 125
    3) 아로마 테라피 125
2. 언제 병원을 가야 할까요? 127

이 책을 펴내며 130
책을 마무리하며 137

제1장

심장의 구조와 기능

1.

심장은
어떻게 생겼나요?

심장은 수정이 일어난 후 배아(embryo)[1] 초기 상태인 3주경부터 발달하는 중요한 기관으로, 흔히 '펌프(pump)'에 비유합니다. 몸에서 혈액을 순환(circulation)[2] 시키는 기관이기 때문입니다. 심장은 혈액을 몸 곳곳으로 보냄으로써 각 기관(organ)에 필요한 산소와 영양분을 공급하고, 반대로 이들 기관이 배출한 노폐물을 받아 이동시킵니다.

이러한 순환은 전신순환과 폐순환으로 나뉘는데, 심장은 이 두 순환 과정을 연결해 줍니다. 따라서 심장에는 전신과 폐를 순환한 혈액이 들어오는 부분과, 혈액을 전신과 폐로 밀어내어 나가게 하는 부분이 존재합니다. 이해를 돕기 위해 심장의 기본 구조를 자세히 살펴보겠습니다.

---

1 수정란이 세포분열을 하기 시작한 시기부터 완전한 개체가 되기 전까지의 발생 초기 단계.
2 몸의 각 기관이 제대로 움직이도록 영양소를 공급하고 노폐물을 운반하는 일련의 활동.

심장의 구조

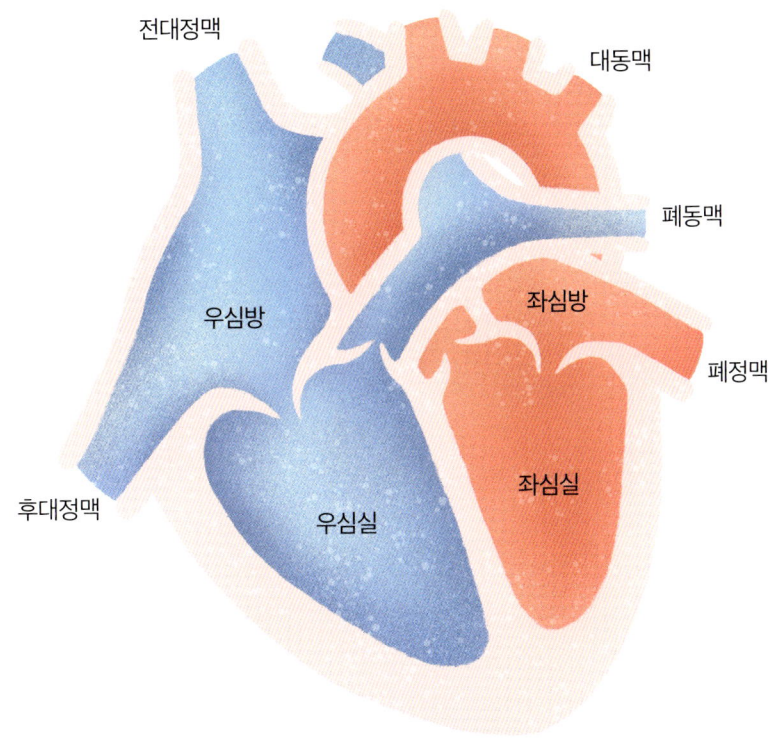

배아기의 심장은 단순 관(tube)과 같은 구조에서 발생을 시작하여, 앞서 설명한 순환 기능을 효율적으로 하기 위한 4개의 방(chamber)과 판막(valve)으로 분화되고, 이를 이어주는 큰 혈관들과 연결됩니다. 위아래를 기준으로 심장을 반으로 나눴을 때 위쪽을 심방(atrium)[3], 아래쪽을 심실(ventricle)[4]이라고 부릅니다. 각 심방과 심실을 좌우로 구분하는 벽이 가운데 있기 때문에, 결국 심장의 내부 구조는 우심방과 좌심방, 우심실과 좌심실의 4개 방으로 나뉩니다.

혈액은 폐를 거쳐 신선한 산소를 공급받고, 심장을 통과하면서 전신으로 퍼져 산소를 소모합니다. 산소를 소모한 혈액은 다시 심장으로 들어와, 신선한 산소를 공급받기 위해 폐로 이동합니다. 이때 신선한 산소를 함유한 혈액을 동맥혈(arterial blood)이라 하고, 산소를 전신에 전달한 후 산소가 부족해진 혈액을 정맥혈(venous blood)이라 합니다.

오른쪽 심장은 전신을 순환한 혈액(정맥혈)이 들어왔다가 폐로 나가는 곳입니다. 반면, 왼쪽 심장은 폐를 거쳐 신선한 산소가 공급된 동맥혈이 들어왔다가 혈액을 온몸으로 내보내는 곳입니다. 이렇게 심장 오른쪽과 왼쪽으로 들어오는 혈액은 서로 성질이 달라서 섞이면 안 되기 때문에, 심장 내부에 오른쪽과 왼쪽을 나누는 격벽이 존재합니다.

또한, 심실에서 심장 내부의 혈액을 내보낼 때는 상당한 압력이 필요하므로 심실벽(근육)은 운동을 많이 하게 되어 두꺼워집니다. 반면, 심방은 주로 혈액을 받는 역할을 하기 때문에 심방벽은 심실벽에 비해 얇습니다.

---

[3] 심장에서 정맥과 직접 연결되는 부분으로 심장으로 들어오는 혈액을 받는 곳이며, 좌심방과 우심방으로 나뉩니다.

[4] 심장에서 동맥과 직접 연결되는 부분으로, 심방에서 혈액을 받아 체내와 폐로 연결된 혈관을 통하여 혈액을 내보냅니다. 역시 좌심실과 우심실로 나뉩니다.

― 순환 모식도 ―

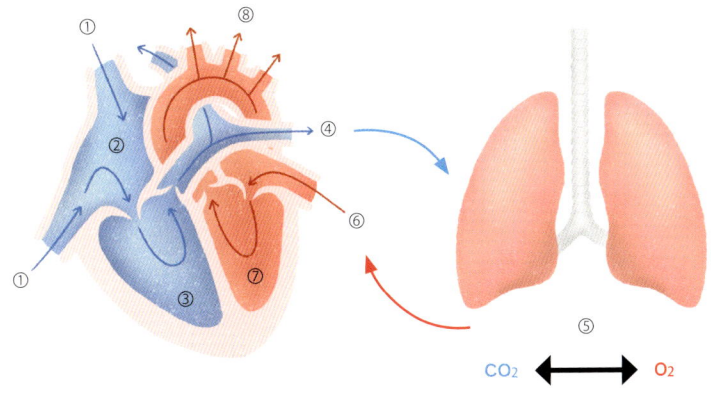

① 전신을 순환한 혈액(정맥혈)은 노폐물과 이산화탄소를 함유한 상태로 심장 우측으로 들어온다. 이후 우심방(②)과 우심실(③)을 거쳐 폐동맥(④)으로 이동하여, 폐(⑤)로 가서 이산화탄소와 산소를 교환하고, 산소를 공급받은 혈액(동맥혈, ⑥)은 좌심으로 이동한다. 좌심실(⑦)이 수축하면서 혈액은 대동맥(⑧)을 거쳐 전신으로 다시 공급된다. 이렇게 전신순환과 폐순환은 연결되어 있다.

심방과 심실 사이에는 혈액이 한 방향으로 흐르게 하는 판막(valve)이라는 구조가 있습니다. 판막의 종류에는 이첨판, 삼첨판, 폐동맥 판막, 대동맥 판막이 있습니다. 판막의 구조와 역할은 심장병에서 특히 중요하기 때문에, 뒷부분에서 자세히 다루겠습니다.

2.
심장에 연결된 혈관은
어떤 것들이 있나요?

혈관은 혈액이 이동하는 통로를 말합니다. 일반적으로 혈액의 이동 방향을 기준으로 해서 심장으로 들어오는 혈관은 '정맥'이라 부르고, 심장에서 나가는 혈관은 '동맥'이라 부릅니다. 예를 들어, 심장과 폐를 연결하는 혈관 중 심장으로 혈액이 들어오는 혈관은 '폐정맥', 심장에서 혈액이 나가는 혈관은 '폐동맥'이라 부릅니다. 특히 폐동맥과 폐정맥의 경우, 동맥혈과 정맥혈의 속성과 명명법에 차이가 발생하기 때문에 헷갈릴 수 있습니다.

일반적으로 동맥혈은 산소를 많이 함유한 혈액이라고 앞서 말씀드렸습니다. 그런데 폐정맥은 폐를 거친 혈액이 좌심방으로 들어오는 혈관입니다. 폐포를 통해 산소를 많이 공급받았기 때문에, 명칭은 '폐정맥'이지만 실제로는 산소포화도가 높은 동맥성 혈액이 흐릅니다. 반대로 폐동맥은 전신을 순환한 뒤 산소 포화도가 낮고 이산화탄소를 많이 함유한 혈액이, 우심방과 우심실을 거쳐 폐로 연결되는 혈관입니다. 심장에서 폐 쪽

심장 혈관 시스템의 도식

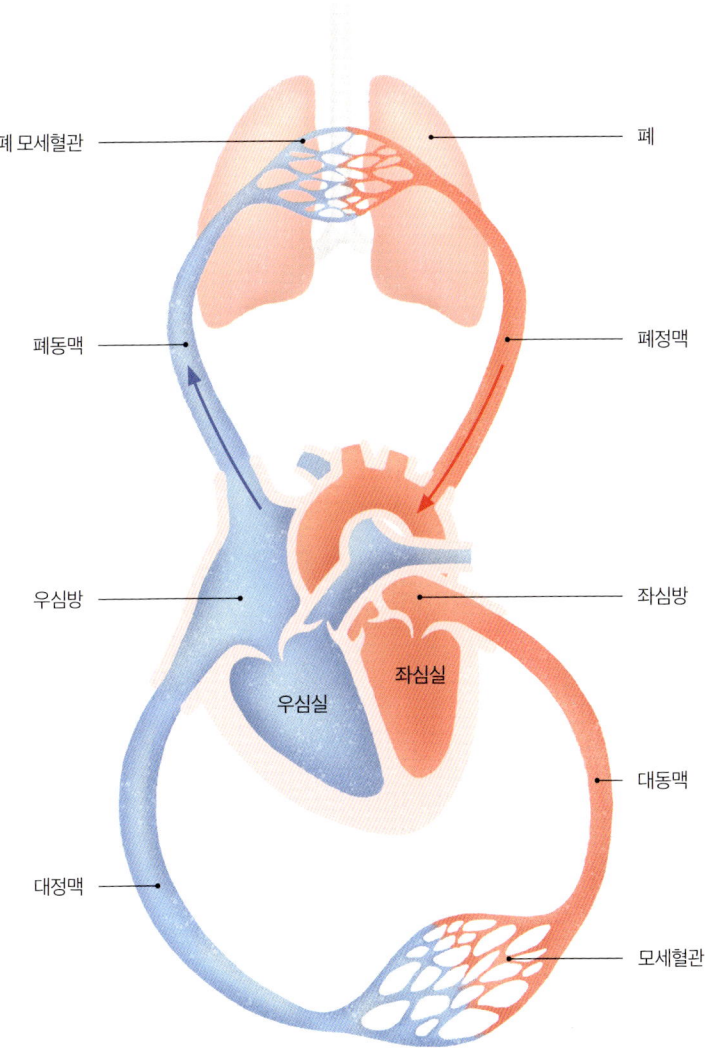

으로 혈액이 나가기 때문에, '폐동맥'으로 불리지만 산소가 적고 이산화탄소가 많은 정맥혈이 흐르게 됩니다.

앞서 설명했듯 왼쪽 심장은 폐를 거쳐 동맥혈이 들어왔다가 전신으로 혈액을 내보내고, 오른쪽 심장은 전신을 순환한 정맥혈이 들어왔다가 폐로 혈액을 내보냅니다. 그렇다면 이러한 혈액들은 어떤 혈관을 통해 나가고 들어올까요?

먼저 좌심방은 폐정맥을 통해 신선한 혈액을 받습니다. 이후 좌심방의 혈액은 좌심실로 이동해 대동맥을 통해 온몸으로 신선한 혈액을 공급합니다. 대동맥을 지난 혈관은 점점 가지를 치며 가늘어져 세동맥, 모세혈관이 됩니다. 반대로 전신순환을 마친 혈액은 모세혈관을 통해 점점 합쳐져 세정맥을 형성하며, 굵은 대정맥을 통해 이미 사용된 혈액이 우심으로 유입됩니다. 이후 우심방의 혈액은 우심실로 이동하고, 폐동맥을 통해 사용한 혈액을 폐로 보냅니다.

이러한 혈관의 내부 직경이나 압력은 혈류의 흐름에 영향을 미칩니다. 따라서, 혈관 벽이 두꺼워지거나 혈관 벽 탄성의 감소, 또는 혈관이 어떤 이유로 수축하면 혈액 순환이 원활히 이루어지지 않아 혈압이 변합니다. 예를 들어 폐동맥 내 혈압이 높아져 폐동맥이 두꺼워지면, 폐동맥을 통한 혈류 흐름에 영향을 주어 혈액이 잘 나가지 못합니다. 이는 폐동맥과 연결된 오른쪽 심장의 혈액 정체로 이어져 우심부전을 일으키는데, 이것을 폐동맥 고혈압이라고 합니다. 이러한 폐동맥 고혈압은 심장 질환의 원인이 되기도 하고, 심장 질환에 의해 속발성으로 발생하기도 합니다.

심장이 수축할 때는 혈관 벽에 최대 압력이 발생하는데, 이것을 '수축기 혈압'이라고 부릅니다. 일반인은 흔히 '위' 혈압이라고 부릅니다. 반대로 심장이 이완할 때는 혈관 벽에 최저 압력이 가해지고, 이때를 '이완기 혈압'이라고 부르며, 일반인은 흔히 '아래' 혈압이라고 부릅니다. 전신 고혈압이란 일반적으로 수축기 혈압이 140mmHg 이상, 이완기 혈압이 90mmHg 이상일 때를 말합니다.

사람과 달리, 개와 고양이의 혈압 상승은 유전적 요인과 같은 본태성(1차성) 원인보다 다른 질환에 의해 혈압 상승이 발생하는 2차성이 대부분입니다. 특히 노령동물의 신장 질환, 부신피질기능항진증(쿠싱증후군), 심장 질환, 당뇨, 특정 종양 등은 고혈압의 주요 원인으로 꼽히고 있습니다.

심장병이 발병하면 심장과 이어진 혈관들에 이차적인 변화가 발생할 수도 있고, 반대로 혈압의 변화를 가져오는 다양한 전신 질환이 심장에 영향을 주기도 합니다. 또한 심장 질환 치료를 위한 약물이 혈압에 영향을 주는 경우가 많기 때문에, 심장병 환자는 혈압을 지속적으로 측정하고 관리해야 합니다.

3.
판막 질환이 많다는데, 판막이 무엇인가요?

혈액은 심방에서 심실 방향으로 움직입니다. 판막(valve)은 심방과 심실 사이에 존재하는 구조물로, 열리거나 닫히면서 심장 내에서 혈액이 한 방향으로 흐를 수 있게 돕습니다. 쉽게 말하면 '한 방향으로 열리는 문'을 상상하면 됩니다. 혈액은 이 문(판막)을 통과해 앞으로 나갈 수는 있지만, 뒤로 돌아올 수는 없습니다. 혈액이 역류하지 못하도록 판막이 막아주는 역할을 하기 때문이지요. 심장에는 총 4개의 판막이 있습니다.

① 이첨판/승모판(bicuspid valve/mitral valve): 좌심방과 좌심실 사이에 있으며 2개의 첨판(leaflets)으로 이루어짐.
② 삼첨판(tricuspid valve): 우심방과 우심실 사이에 있으며 3개의 첨판으로 이루어짐.
③ 대동맥 판막(aortic valve): 좌심실과 대동맥 사이에 있으며 3개의 첨판으로 이루어짐.
④ 폐동맥 판막(pulmonic valve): 우심실과 폐동맥 사이에 있으며 3개

의 첨판으로 이루어짐.

― 심장 내 판막의 위치 및 명칭 ―

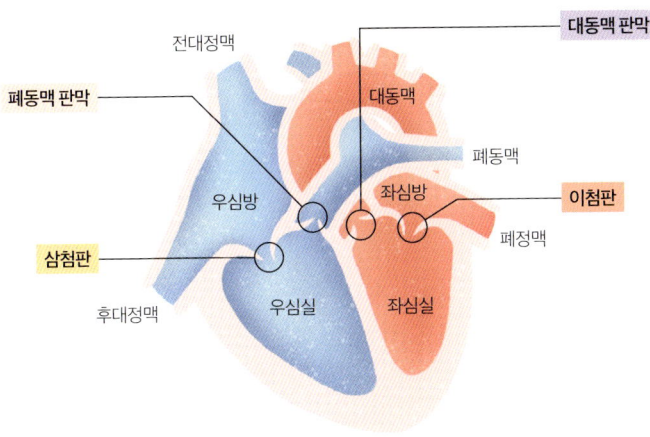

정면에서 본 심장 단면도

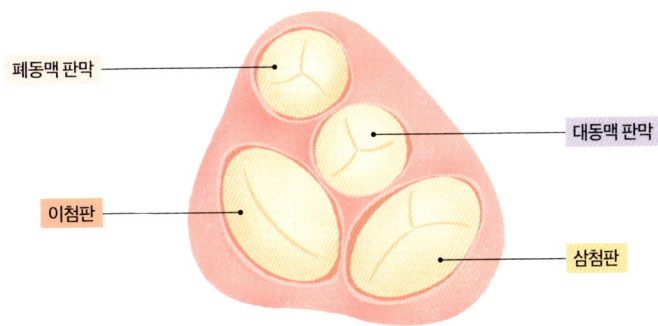

위에서 내려다본 심장 단면도

판막은 정상적인 혈액 순환에 중요한 역할을 합니다. 특히 방실 사이에 있는 판막(이첨판과 삼첨판)이 반대 방향으로 열리지 않게 잡아주는 구조가 존재하는데, 이것이 힘줄끈 또는 건삭(chordae tendineae)이라고 하는 섬유성 구조물입니다.

건삭은 판막 끝에서 심실의 유두근(papillary muscle)에 고정되어 있습니다. 유두근은 심실 내면에 불규칙하게 융기한 근육 중 손가락 모양으로 잘 발달된 근육을 말합니다. 따라서 판막을 구성하는 전체적인 구조물은 판막-힘줄끈(건삭)-유두근입니다. 이 구조물 중 어느 하나라도 문제가 생기면 판막 질환이 발생합니다.

예를 들어 판막이 두꺼워지거나 건삭이 파열되면 판막은 제 역할을 하지 못합니다. 판막 구조나 기능에 문제가 생겨 판막이 잘 닫히지 않으면, 혈액이 반대 방향으로 흐를 수 있습니다. 이때 혈액의 '역류(regurgitation)'가 발생하는데, 이는 반려견에게 발생하는 대표적인 심장 질환입니다.

―――――――― 판막 구조 모식도 ――――――――

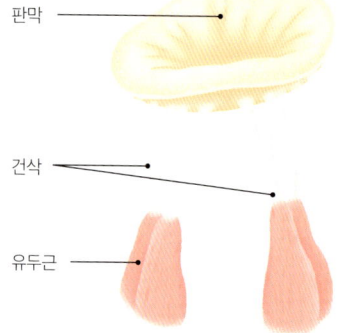
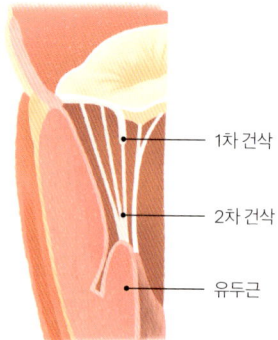

반려동물에게 많이 발생하는 심장 질환의 종류는 개와 고양이가 각각 다릅니다. 또한 개의 심장 질환은 소형견인지 대형견인지, 어떤 품종인지에 따라서도 달라집니다. 예를 들어 국내에 흔한 소형견에게 많이 발생하는 이첨판 폐쇄부전증(mitral valve insufficiency)은 심장 내 판막 중 이첨판의 구조가 손상되어 잘 닫히지 않아, 좌심실에 있는 혈액이 좌심방으로 역류하는 질병입니다. 따라서 좌심실에서 대동맥을 통해 온몸으로 순환해야 하는 혈액량이 줄어들고 심장 내에 저류하는 혈액량이 증가하면서, 혈액 순환에 문제가 생기게 됩니다.

──── 정상 심장의 단면 ────   ──── 변성된 판막 모습 ────

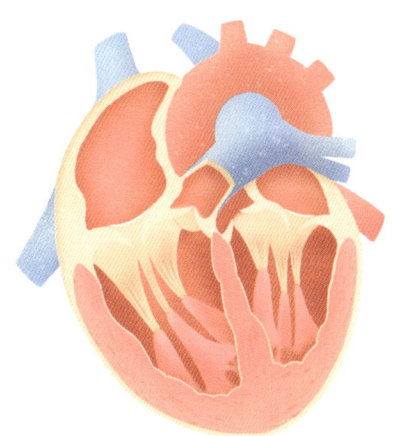 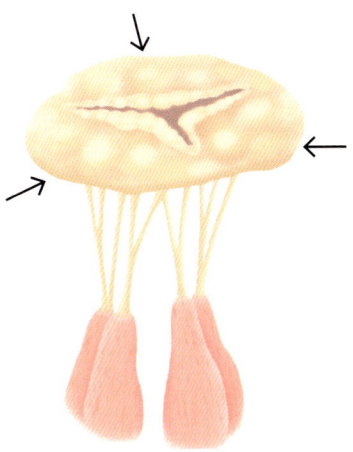

정상 심장의 단면.
정상 판막의 모양을 확인할 수 있다.

변성된 판막 부위. 화살표 부분의 판막이
변성되어, 판막 끝단이 뭉툭해지거나
결절성으로 변한 모습을 확인할 수 있다.

4.
동물 간에는 심장 구조의
차이가 있나요?

심장의 외형은 흔히 원뿔 또는 하트 모양으로 표현됩니다. 포유류의 기본적인 심장 구조는 동일하나, 형태 면에서 약간 다릅니다. 예를 들면 개의 심장은 돼지나 양의 심장보다 훨씬 더 둥글고 끝이 무딥니다. 양의 심장은 다른 동물에 비해 훨씬 더 원뿔 모양에 가까우며 끝이 더 뾰족합니다. 이 외에도 동물에 따라 심장에서 나온 혈관들이 나뉘는 형태나 개수, 그리고 위치가 조금씩 다릅니다.

동물 심장의 단면도를 보면, 심실벽이 심장의 다른 부분에 비해 상대적으로 많이 두껍고, 우심실에 비해 좌심실이 훨씬 두꺼운 공통점을 확인할 수 있습니다. 이는 심장 가까이 있는 폐로 전신 혈류량의 약 25%를 내보내는 우심에 비해, 전신으로 약 75%의 혈액을 보내야 하는 좌심에 더 강한 힘이 필요하기 때문입니다.

개와 고양이는 같은 포유류로, 개에 비해 고양이의 심장은 조금 더 작은 편이나 기본적인 심장 구조는 같습니다. 개와 고양이의 심장에서 크게 차이가 나는 것은 심박수입니다. 정상적인 개의 심박수는 소형견의 경우

―――― 개의 심장 단면도 ――――

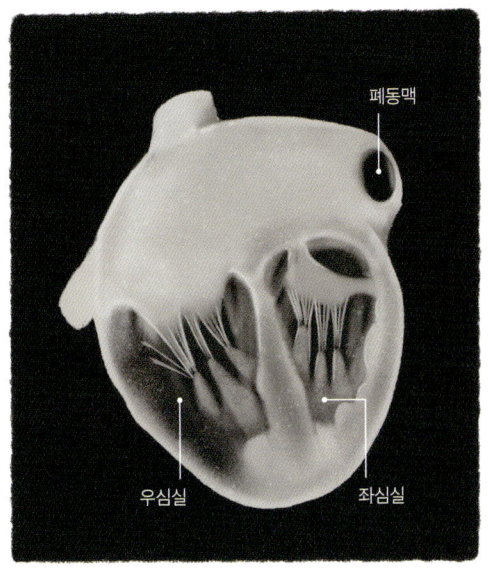

폐동맥

우심실   좌심실

120~160회인 반면, 정상적인 고양이의 심박수는 120~240회로 개보다 빠릅니다.

또한, 개와 고양이에서 흔히 발생하는 심장병도 차이가 있습니다. 개는 나이가 들면 주로 퇴행성 판막 질환을 앓지만, 고양이에게서는 유전적 소인에 의한 심근 질환이 많이 발생합니다. 개와 고양이에게 발생하는 심장병의 차이에 대해서는 제2장 심장병 이해하기(part I)에서 좀 더 자세히 설명하겠습니다.

5.

심장은 어떻게 뛰나요?

심장은 수축과 이완을 통해 혈액을 전신으로 밀어내고 받아들이는 움직임을 계속합니다. 이러한 심장 운동을 박동(pulse)이라고 부릅니다. 심장은 스스로 박동할 수 있는 능력이 있는데, 이를 심장의 자동성(automaticity)이라고 합니다. 그렇다면 심장은 어떻게 스스로 움직일 수 있을까요?

심장은 스스로 전기신호를 만들어 움직입니다. 대정맥과 우심방 사이의 동방결절(SA node) 부위에서 심장 박동을 일으키는 흥분파를 스스로 만듭니다. 따라서 동방결절을 심장의 페이스메이커(pacemaker)라고 부르기도 합니다. 이렇게 형성된 흥분파는 심장에 있는 전도 계통(conduction system)을 통해 이동합니다.

스스로 전기신호를 만드는 심장

아래 그림에서 보듯 동방결절을 나온 전기 자극은 방실결절(AV node)과 히스색(his bundle)을 따라 좌·우 다발분(left·right bundle branch)으로 흐르며, 최종적으로 푸르키녜 섬유(purkinje fiber) 경로를 통해 흥분파를 전달합니다. 이러한 흥분파가 전달되면 심장이 수축하고, 흥분파가 지나가면 심장이 이완하면서 심장 박동이 이루어집니다. 심장이 이러한 전기신호를 스스로 만들 수 있기 때문에, 심장을 몸에서 꺼내도 얼마간은 스스로 뛸 수 있습니다.

심장 모식도

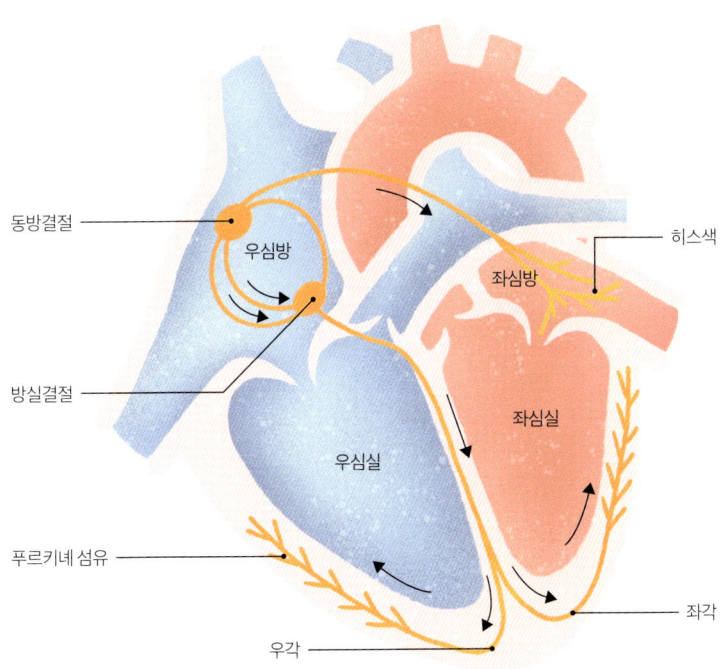

# 6.

심장의 움직임에 이상이 생기면 어떻게 알 수 있나요?

반려동물의 가슴에 손댔을 때 심장의 두근거림이 느껴지거나, 목 주위나 다리 혈관에서 맥박이 느껴지는 건 모두 심장 박동 때문입니다. 심장 박동이 원활하게 이루어지지 않으면 혈액 순환에 문제가 발생합니다. 따라서 심장 박동이 정상적으로 잘 일어나는지 세심하게 확인해야 합니다.

심장 박동에 이상이 생기는 건, 심장이 스스로 만든 전기신호 흐름에 문제가 발생했기 때문입니다. 이때 심장 박동수가 정상에 비해 느려지거나 빨라질 수 있으며, 또는 움직임이 불규칙해지기도 합니다. 이를 부정맥(arrhythmia)이라고 합니다.

부정맥의 원인은 다양한데, 심장의 구조적 이상을 가져오는 선천적 또는 후천적 심장 질환, 교감 또는 부교감 신경계[5]에 영향을 주는 질환들, 내분

---

[5] 교감신경은 위급한 상황에 몸이 반응하게 하고, 부교감신경은 몸을 안정 상태로 만듭니다. 교감신경과 부교감신경계는 그 효과를 서로 상쇄하면서 다양한 자극에 반응해 몸 상태를 일정하게 유지합니다. 예컨대, 교감신경이 활성화되면 심장은 빨리 뛰고 혈압이 오르며, 반대로 부교감신경이 활성화되면 심장 박동은 느려지고 혈압이 하강합니다.

비 질병[6] 등이 있습니다. 부정맥이 발생하면 심장 수축이 불규칙해지며, 이는 심박출량[7]의 감소로 인한 전신순환장애로 이어질 수 있습니다.

부정맥의 종류 및 개체에 따라 임상 증상은 다르게 나타납니다. 증상이 없을 수도 있지만, 일반적으로는 평소보다 적은 양의 운동도 힘들어하며 덜 움직이려 하고, 무기력, 피로, 호흡 곤란 및 실신 등의 증상을 보이게 됩니다.

부정맥은 청진을 통해서도 발생 유무를 확인할 수 있으므로, 기본적인 청진 검사 후 부정맥이 진단됐다면 심전도(electrocardiogram, ECG)를 통한 정밀 검진을 해야 합니다. 심전도는 심장의 전기전도를 측정하는 장비로, 심장의 전기신호 흐름에 의해 일정한 파형이 심전도에 나타납니다. 부정맥이 발생하면 정상적인 심장 리듬이나 심전도의 파형이 변하며, 이를 통해 부정맥이 발생한 위치 및 종류를 확인할 수 있습니다.

일시적으로 부정맥이 발생했다면, 심전도 검사 당시 부정맥이 진단되지 않을 수 있습니다. 이 경우, 24시간 심전도 측정 장치인 홀터(holter)를 몸에 부착해 정밀 진단을 할 수 있습니다. 이러한 심전도 검사 방법은 제3장 심장병 이해하기(part II)에서 좀 더 자세히 알아보겠습니다.

---

6 내분비기관에는 뇌하수체, 갑상선, 부갑상선, 부신, 생식기 등이 있습니다. 이러한 기관에서 호르몬 생성·분비에 이상이 생기면 내분비 문제가 발생합니다.
7 심장의 심실에서 1분 동안 내보내는 혈액의 용량.

제2장

심장병 이해하기
(part I)

1.

심장병이란?

사람의 3대 사망 원인으로 꼽히는 것이 암, 심장 질환, 폐렴입니다. 이 중 심장 질환은 암에 이어 두 번째로 많은 사망 원인입니다. 그러나 동물의 질병이나 폐사 원인에 대한 연구는 사람의 통계 조사처럼 잘 이루어져 있지 않으며, 특히 국내 연구는 드뭅니다. 몇몇 국외 연구 결과를 종합하면, 반려동물의 질환 및 폐사 원인은 품종 및 보호자와의 생활 환경에 큰 영향을 받는 것을 알 수 있습니다. 하지만 역시 반려동물도 사람과 유사하게 암, 심장 질환 및 신장 질환이 많이 발생합니다.

심장은 몸에서 가장 중요한 장기 중 하나로, 온몸에 혈액을 공급해주는 펌프 역할을 합니다. 따라서 심장에 구조적 또는 기능적 문제가 발생하면 혈액 순환에 문제가 생기고, 이는 몸의 여러 장기에 영향을 주어 결과적으로 생명에 심각한 지장을 줍니다. 이렇게 심장의 구조나 기능, 또는 심장과 연결된 혈관에 문제가 발생하는 것을 심장병이라고 하며, 개와 고양이에게 많이 발생하는 질병 중 하나입니다.

반려동물의 심장병을 크게 분류하면 심장 판막에 이상이 생기는 판막성 심장 질환, 심근이 얇아지거나 두꺼워지는 심근 질환, 심장 박동 리듬에 문제가 생기는 부정맥, 그리고 선천적으로 심장 또는 혈관 구조에 문제를 갖고 태어나는 선천성 심장 질환 등으로 나뉩니다.

이러한 다양한 원인 때문에 심장 기능이 떨어지면, 심장이 본연의 펌프 역할을 제대로 하지 못해 결국 심장 수축 기능이 감소합니다. 이를 '심부전(heart failure)'이라 하는데, 혈액 순환 장애로 인해 신체 각 기관에 혈액 공급이 감소하며, 심장 내 혈액 저류 및 내강 확장, 폐수종 및 혈압 상승 등을 동반합니다.

― 심부전증의 증상 모식도 ―

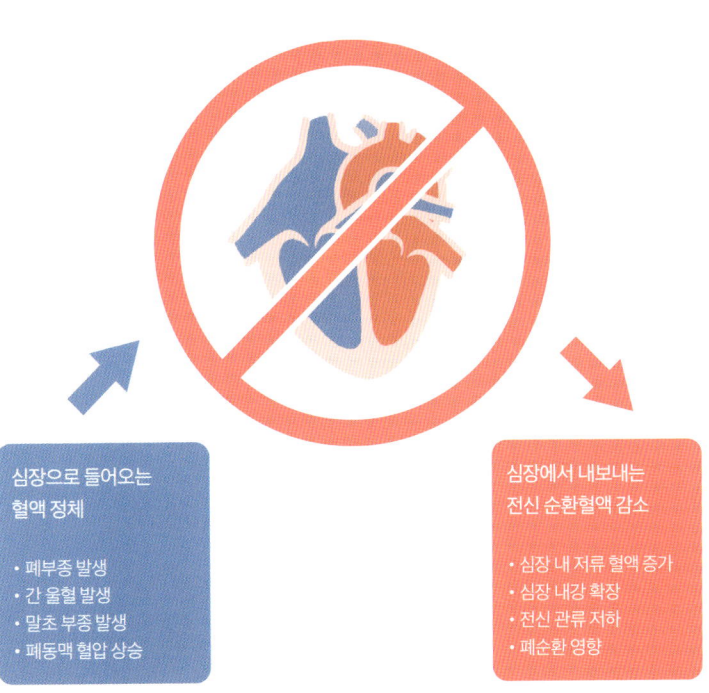

2.

개와 고양이의 심장병은
어떻게 다른가요?

개와 고양이는 기본적으로 심장 구조가 비슷하지만, 주로 발생하는 심장병의 종류는 다릅니다. 개는 고양이에 비해 판막성 심장 질환이 많이 발생하며, 고양이는 주로 심근에 문제가 생기는 심근 질환이 많이 발생합니다. 그래서 개가 판막성 질환을 앓으면 심장 내로 혈액이 역류하여 저류되면서 심장이 커지고, 고양이가 심근 질환을 앓으면 심장 근육이 두꺼워져 심장 내부 공간이 좁아집니다.

개와 고양이 심장병의 특징

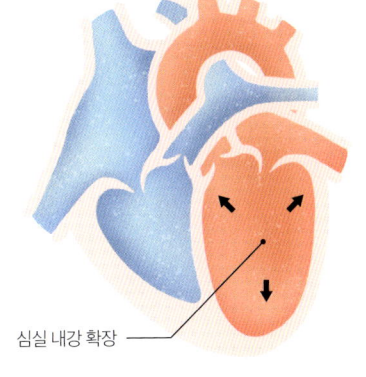

판막성 질환을 앓는 개의 심장

심실 내강 확장

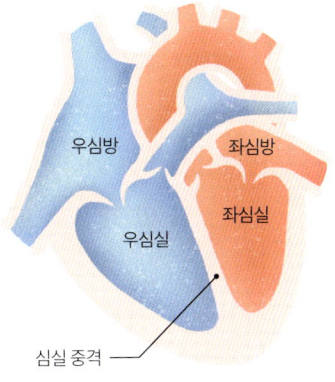

정상 심장

우심방, 좌심방, 우심실, 좌심실, 심실 중격

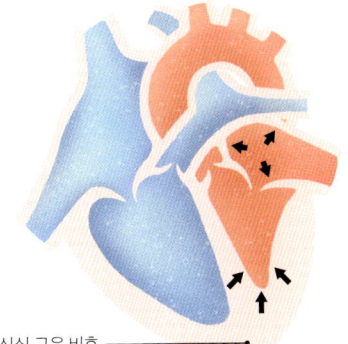

심근 질환을 앓는 고양이의 심장

심실 근육 비후

개에게서 발생하는 심장 질환은 나이와 품종에 따라 다양한데, 소형견인지 대형견인지에 따라 주로 발생하는 심장 질환이 달라집니다. 일반적으로 판막성 심장 질환(valvular heart disease)은 소형견에게서 많이 발생하며, 심근성 심장 질환(myocardial heart disease)은 대형견에게서 주로 발생합니다. 호흡 곤란 등 심장병 증상으로 병원에 온 개를 한 손으로 안아 들 수 있으면 판막성 질환으로, 한 손으로 안아 들 수 없으면 심근성 질환으로 진단하면 된다는 말이 있을 정도로, 품종 소인 중 개체 크기는 심장 질환의 종류에 영향을 미칩니다.

국내에서 많이 기르는 소형견에게 흔히 발생하는 판막성 심장병에 대해 먼저 알아보겠습니다. 소형견이 나이가 들면 판막 중 이첨판(mitral valve)에 문제가 생기는 경우가 가장 많습니다. 이를 '이첨판 질환(mitral valve disease, MVD)' 또는 '이첨판 폐쇄부전증(mitral valve insufficiency, MVI)'이라고 합니다. 이첨판 질환은 유전적인 요인에 의한 것으로 알려져 있으며, 노화에 따른 이첨판의 변성으로 판막이 증식되어 두꺼워지고, 곤봉 모양처럼 되어 제대로 닫히지 않게 됩니다.

― 두껍게 변성된 이첨판의 모습 ―

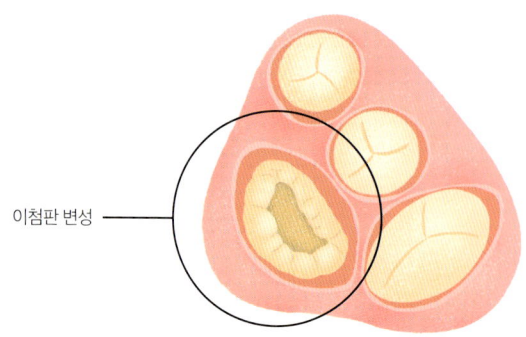

이첨판 변성

이첨판 폐쇄부전증은 특히 카발리에 킹 찰스 스패니얼(cavalier king charles spaniel) 종에게서 어릴 때부터 발생할 확률이 유전적으로 높습니다. 그 외 미니어처 푸들(miniature poodle), 말티즈(maltese), 시추(shih tzu) 등 대부분의 소형견이 나이를 먹으면서 흔히 겪는 심장 질환이기도 합니다.

이처럼 판막이 제대로 닫히지 않으면, 심방에서 심실로 한쪽으로만 흘러야 할 혈액이 역류합니다. 역류가 지속되면 심장 내에 저류하는 혈액량이 늘어나고 결국 심장에 무리를 주어, 심장이 커지고 제대로 기능하지 못하는 심부전(heart failure)으로 이어집니다.

카발리에 킹 찰스 스패니얼　　　미니어처 푸들

말티즈　　　시추

판막성 심장 질환과 함께 개에서 많이 발생하는 심장병은, 유전적 소인에 의해 발생하는 심근 질환의 일종인 '확장성 심근병증(dilated cardiomyopathy, DCM)'입니다. 확장성 심근병증(DCM)은 주로 도베르만 핀셔, 그레이트 데인, 아이리시 울프하운드, 복서 같은 대형견에게 많이 발생합니다. 대형견은 아니지만 코커 스패니얼에게서도 발생 보고가 있습니다. 일부 개체에서는 아미노산의 일종인 타우린 결핍에 의해 발생한 확장성 심근병증이 보고되기도 했습니다.

확장성 심근병증은 심장 근육이 매우 얇아지고 수축 기능이 현저히 떨어져 심장이 혈액을 제대로 내보내지 못하는 것이 특징입니다. 심장의 모든 방(chamber)이 확장되는데, 특히 좌심방과 좌심실의 확장이 두드러집니다. 좌심부전으로 인해 말초혈관 저항성의 상승과 폐수종이 나타나며, 우심부전까지 발생하는 경우 복수와 폐수종 증상이 함께 나타납니다.

도베르만 핀셔　　　그레이트 데인　　　아이리시 울프하운드

복서　　　코커 스패니얼

고양이에게서 흔히 발생하는 심장병은 심근 질환의 일종인 비대성 심근병증(hypertrophic cardiomyopathy, HCM)입니다. 고양이 비대성 심근병증의 원인은 심장 근육을 구성하는 유전자에 문제가 생기는 유전적 요인으로 알려져 있습니다. 심장 마이오신결합 단백질(cardiac myosin-binding protein C)의 유전자 변이가 메인쿤(maine coon)과 래그돌(ragdoll)에게서 확인되었으며, 이 외에도 페르시안(persian), 스핑크스(sphynx), 한국 단모종 고양이 등에게서도 비대성 심근병증이 많이 발생합니다. 심장 근육이 두꺼워지고 뻣뻣해져 심장 기능에 이상이 생기는 것이 특징이며, 주로 좌심실과 관련된 근육에서 두드러지게 나타납니다. 심장 근육이 두꺼워지면 심실이 뻣뻣하여 잘 늘어나지 않고 심실 내부 공간이 부족해져서, 혈액이 심실로 충분히 들어오지 못합니다. 심실로 이동하지 못하고 남은 혈액은 심방에 들어차는데, 이러한 현상이 지속되면 심방이 커지고 심실에서 전신으로 나가는 혈액량이 부족해져, 심장이 기능하지 못하는 심부전증으로 이어집니다.

메인쿤   래그돌   페르시안

스핑크스   한국 단모종 고양이

3.

심장병이 생기면
어떤 증상이 발생하나요?

1) 운동하기 힘듦(exercise intolerance)
평소보다 적은 양의 운동도 힘들어하며, 이전보다 덜 움직이려 합니다.

2) 기침
기침은 운동하기 힘들어지는 것과 함께 심장 질환의 대표적인 임상 증상입니다. 심장병이 진행되면서 심장 내강의 혈액 저류로 심장이 커지면, 심장 위쪽을 지나가는 기관을 압박합니다. 이때 기관지 압박으로 인해 기침이 발생할 수 있습니다. 기침은 흥분하면 심해지며, 주로 밤에 마른 기침(거위소리 기침)을 하는 경우가 많습니다. 또한, 심부전증에 의해 폐에 조직액이 차는 폐수종이 나타나면 역시 기침하며, 심하면 객혈도 합니다.

3) 호흡 곤란
심부전증(심장이 제대로 기능하지 못하는 상태)이 심해지면 심장에서 역류한 물이 폐에 차는 폐수종이 나타나며, 이는 생명을 위협하는 응급 상태입니다.

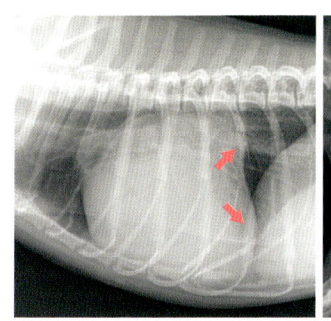 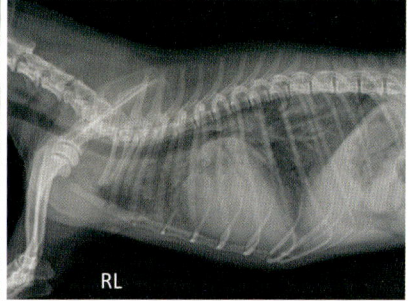

심비대에 따른 기관지 거상(왼쪽), 폐수종을 앓는 개의 방사선 사진(오른쪽)

4) 청색증

심장병 환자가 흥분하거나 격한 운동 시 혓바닥이나 점막이 창백해지거나 파랗게 되는 증상으로, 심장병으로 인한 폐수종으로 폐에서 산소 교환이 제대로 되지 않을 때 나타납니다. 또한 선천성 심장 질환 중 심장의 오른쪽과 왼쪽 사이에 비정상적인 통로가 있어, 심장 오른쪽의 산소가 부족한 혈액이 전신을 순환하는 '우좌단락'이 발생한 경우 청색증이 특징적으로 나타납니다. 따라서, 신체검사 시 잇몸의 점막 색깔 검사는 중요합니다.

5) 복수, 흉수

심부전증이 악화하여 우심부전이 발생하면 폐뿐만 아니라 흉곽이나 복부에 물이 들어차는 복수 또는 흉수 증상이 발생할 수 있습니다. 이 경우, 운동 불내성과 호흡 곤란이 함께 나타나며, 복수가 심하면 복부 팽만도 함께 확인됩니다.

6) 기절

심장병이 진행되는 경우, 주로 흥분하면 잠시 의식을 잃는 기절 증상이 발생할 수 있습니다. 이는 심장병의 진행에 따라 심장 수축력 감소와 전신관류 저하에 의해 발생하며, 부정맥에 의해 나타나기도 합니다. 기절하며 소변을 싸거나 온몸이 뻣뻣해질 수 있으며, 발작 증세와 비슷해 보일 수 있어 기절 증상이 의심되는 환자의 경우, 반드시 병원에 내원하여 발작 증상인지 감별할 필요가 있습니다.

7) 뒷다리 마비

비대성 심근병증(HCM)이 있는 고양이의 경우, 심장에서 생성된 혈전(피가 굳은 덩어리)이 몸 안의 혈관, 특히 뒷다리로 가는 혈관을 막는 경우가 흔하게 발생합니다. 따라서 비대성 심근병증이 있는 고양이는 다른 증상 없이도 갑자기 뒷다리를 움직이지 못하거나 아파하는 증상이 발생할 수 있습니다.

비대성 심근병증으로 뒷다리와 꼬리가 마비된 고양이

4.

심장 질환에 취약한 개·고양이의 품종

1) 이첨판 질환에 걸리기 쉬운 품종

이첨판 질환(MVD)은 유전적으로 카발리에 킹 찰스 스패니얼 종에게서 어린 나이부터 발생할 수 있습니다. 미니어처 푸들, 시추, 말티즈, 치와와, 코커 스패니얼, 미니어처 슈나우저, 닥스훈트, 포메라니안 등 대부분의 소형견이 나이가 들면 매우 흔하게 발생합니다.

카발리에 킹 찰스 스패니얼 / 미니어처 푸들 / 말티즈 / 시추

코커 스패니얼 / 미니어처 슈나우저 / 닥스훈트 / 포메라니안

2) 확장성 심근병증에 걸리기 쉬운 품종

확장성 심근병증(DCM)은 도베르만 핀셔, 골든 리트리버, 저먼 셰퍼드, 그레이트 데인, 아이리시 울프하운드, 세인트 버나드, 복서 등 대형견에게서 많이 발생하며, 코커 스패니얼, 잉글리시 코커 스패니얼, 포르투기스 워터독 같은 중형견에게서도 종종 발생합니다.

잉글리시 코커
스패니얼

포르투기스 워터독

3) 비대성 심근병증에 걸리기 쉬운 품종

비대성 심근병증(HCM)은 래그돌, 메인쿤, 히말라얀, 버미즈, 스핑크스, 페르시안, 데본 렉스 등의 종에서 많이 발생하며, 한국 단모종 고양이에게서도 흔하게 발생하는 편입니다.

제3장

심장병 이해하기
(part II)

1.
심장에 문제가 생기면, 몸에 어떤 일이 일어나나요?

심장은 온몸에 혈액을 순환시키는 펌프 역할을 합니다. 심장에 문제가 생기면 이러한 혈액 순환에 문제가 생기면서 여러 질환이 발생합니다. 이러한 문제가 심해져서 나타나는 질환을 심부전(heart failure)이라고 부릅니다. 이러한 심부전은 크게 좌심부전(left-side heart failure)과 우심부전(right-side heart failure)으로 나눌 수 있습니다.

좌심부전은 왼쪽 심장이 혈액을 내보내는 과정에 문제가 생겨 발생합니다. 왼쪽 심장은 대동맥과 연결되어 있으므로, 좌심부전이 발생하면 전신으로 혈액 공급이 원활하게 진행되지 못합니다. 이로 인해 전신 피로감 및 쇠약이 나타날 수 있습니다.

더 중요한 문제는 좌심실에서 나가지 못한 혈액이 정체되면서 좌심실 내강이 확장되며, 좌심방에도 혈액이 저류된다는 점입니다. 결국, 좌심방과 연결된 폐정맥에도 혈액이 정체되어 폐에 물이 차는 현상이 발생합니다. 이를 폐수종(pulmonary edema)이라고 합니다. 폐수종이 발생하면 반려동물은 호흡 곤란, 기침 등의 증상을 보이고, 심한 경우 폐출혈과 객혈을 동반하며 사망할 수도 있습니다.

우심부전은 오른쪽 심장이 혈액을 내보내는 과정에서 문제가 생겨 발생합니다. 오른쪽 심장은 폐동맥과 연결되어 있으므로, 폐에 혈액 공급이 원활하지 않게 됩니다. 이 역시 좌심부전과 비슷하게 우심에 혈액이 정체되고, 우심방에 연결된 대정맥에도 혈액이 정체됩니다. 이로 인해 전신 혈관에 혈액 정체가 발생하여 임상적으로는 배에 물이 차는 복수, 흉강에 물이 차게 되는 흉수가 발생합니다.

심부전은 발생 원인에 따라 용적 과부하(volume overload)와 압력 과부하(pressure overload)로 나눌 수 있습니다. 평소보다 많은 혈액이 심장으로 들어오면, 심장은 늘어난 혈액을 짜내기 위해 더욱 열심히 일하게 됩니다. 이러한 상태를 용적 과부하라고 합니다. 소형견에게서 많이 발생하는 이첨판 폐쇄부전증, 선천적 심장 질환 중 심실 중격 결손이나 동맥관 개존증(patent ductus arteriosus, PDA)이 이에 해당합니다. 이러한 질환의 경우, 좌심에 기존보다 많은 혈액이 저류하여 좌심이 확장되며, 이 혈액을 밀어내기 위해 심장은 더욱 수축하려 하기 때문에 결국 심장에 과부하가 옵니다. 이러한 상태가 지속되다가 심장이 견딜 수 있는 한계를 넘어서면 심부전이 발병합니다.

압력 과부하는 혈액이 나가는 통로인 혈관이 좁아지는 등의 원인으로 인해 심장에서 혈액이 잘 나가지 못하고, 심장에 압력만 많이 받는 상태를 의미합니다. 선천성 심장 질환 중 폐동맥이나 대동맥 협착증(stenosis) 혹은 고혈압(hypertension)이 발생하는 경우 나타납니다. 이 경우 심장에서 혈액을 방출하는 데 문제가 생기기 때문에 심장에 압력 과부하가 유발됩니다. 이 역시 심장이 견딜 수 있는 한계를 넘어서면 심부전이 발병합니다.

---

8 혈액이나, 혈액이 섞인 분비물을 기침과 함께 배출해내는 증상.

심부전 발생 시에는 좌심부전인지 우심부전인지, 또는 용적 과부하에 의한 것인지, 압력 과부하에 의한 것인지에 따라 증상과 치료 방법이 달라집니다.

2.

심장에 문제가 생긴 것을 어떻게 알 수 있나요?

반려동물의 심장에 문제가 생기면 아래와 같은 여러 증상이 나타날 수 있습니다.

1) 기침

심장 질환을 앓는 개들이 보이는 가장 흔한 증상이 기침입니다. 기침은 기관지나 폐실질의 염증, 질환 등 호흡기계에 문제가 있을 때도 발생하지만, 심장병이 있을 때도 나타날 수 있다는 것을 꼭 기억해야 합니다. 기침이 일시적인 것이 아니라 지속될 경우, 호흡기계 질환과 심장병에 대한 진단 검사가 필요합니다.

2) 쇠약해지고 운동하기 힘들어함

심장병이 있으면 혈액 순환에 문제가 생기기 때문에 온몸에 필요한 양의 혈액을 적절하게 공급하지 못합니다. 따라서 전반적으로 몸이 약해지고 특히 산책 등 운동을 할 때 금방 힘들어하게 됩니다. 평소에 비해 운동 시간이나 거리가 짧아지고, 운동 시 힘들어하는 증상이 두드러진다면, 심장병을 의심해 볼 수 있습니다.

3) 호흡 곤란

평소에 비해 호흡이 힘겹거나 빠른 경우, 혹은 짧은 호흡을 하는 경우가 호흡 곤란(dyspnea)에 해당합니다. 심장병이 진행되면 혈액 순환이 원활하지 않아 폐에 물이 차거나, 또는 폐가 있는 흉강에 물이 차서 폐가 충분히 공기를 받아들이지 못해 호흡이 힘들어질 수 있습니다. 안정된 상태에서 반려동물의 호흡수는 1분에 20회를 넘지 않습니다. 따라서 평상 시 직접 호흡수를 확인해 보고, 호흡수가 지속적으로 증가하거나 상승한 경우, 평소와 호흡 양상이 달라졌다면 호흡 곤란을 의심할 수 있습니다.

4) 체중 감소

심장병이 발생하면 체중이 감소할 수 있습니다. 하지만 체중 감소는 심장병 외에도 여러 가지 이유에 의해 발생할 수 있는 비특이적인 증상입니다. 따라서 이를 구분하기 위해 다른 심장병 증상들이 있는지 확인하는 것이 중요합니다. 또한 평소와 동일한 양을 먹는지, 체중은 어떻게 변화하는지 매일 측정하여 기록해 놓는 것이 좋습니다. 식욕 부진과 체중 감소는 다양한 만성 질환의 증상이기 때문에, 체중이 계속 줄어든다면 전신 질환 유무를 확인해 볼 필요가 있습니다.

5) 실신

갑작스럽게 반려동물이 쓰러지는 경우, 심장병이 원인일 수 있습니다. 실신(syncope)은 혈액 순환에 문제가 발생해 뇌로 가는 혈류가 감소하여 발생합니다. 실신 증상은 심장병이 많이 진행되었음을 의미하므로 속히 병원에 내원해야 합니다. 비슷한 증상으로 발작(seizure)이 있을 수 있습니다.

6) 복수
혈액 순환이 잘되지 않으면 전신에 혈액이 원활하게 흐르지 못하고 정체됩니다. 이로 인해 혈액 속의 수분이 혈관 밖으로 빠져나오면서 복수(ascite)가 찰 수 있습니다. 복수가 차면 배가 볼록 튀어나오고, 손으로 배를 치면 물이 찰랑대는 느낌이 듭니다. 이렇게 되면 반려동물은 숨을 쉬기 힘들어지고 움직임도 줄어듭니다. 복수가 생기면 심장 질환이 어느 정도 이상 진행된 것이므로, 빨리 병원을 찾는 것이 좋습니다.

7) 청색증
심장병으로 인해 혈액 순환이 잘되지 않으면 눈, 귀, 잇몸, 혀의 원래 붉었던 점막이 검푸르게 변합니다. 이를 청색증(cyanosis)이라고 합니다. 앞서 산소가 많은 혈액을 동맥혈, 산소가 적은 혈액을 정맥혈이라고 말씀드렸는데요, 동맥혈은 산소가 많아 붉은색이 돌고, 정맥혈은 산소가 적어서 검푸른색이 돕니다. 점막에는 모세혈관이 있는데, 혈액 순환이 잘되지 않아 산소가 충분하지 않은 정맥혈이 공급되면 점막이 검푸르게 변하는 것이지요.
청색증은 산소가 온몸에 잘 공급되지 않는다는 지표이므로, 매우 심각한 상태를 뜻합니다. 반려동물에게서 청색증이 확인된다면 즉시 병원을 찾아 산소 공급과 응급 처치를 해야 합니다.

심장병 환자에게서는 이처럼 다양한 증상들이 발생할 수 있습니다. 그러나 질병의 단계와 진행 정도에 따라 증상이 나타나지 않을 수도 있고, 한

가지 증상만 나타나거나, 여러 증상이 복합적으로 나타날 수도 있습니다. 중요한 점은, 위에 설명한 증상들이 심장병 환자에게 나타날 수 있다는 것을 기억하고, 평소 반려동물이 이런 변화를 보이는지 유심히 관찰해야 한다는 것입니다.

이러한 증상들은 심장병 외의 다른 질환에 의해서도 발생할 수 있습니다. 따라서 일부 증상만 보고 심장병으로 단정하기보다는, 의심 증상이 나타나면 병원에서 구체적인 진단 검사를 통해 심장에 문제가 있는지 확인해야 합니다.

3.

심장병 진단을 위해
어떤 검사가 필요한가요?

위와 같은 증상으로 반려동물이 병원에 내원하면 수의사 선생님은 진단을 위해 여러 가지 검사를 합니다. 반려동물의 심장병 진단을 위해 필요한 검사에는 어떤 것들이 있을까요? 간혹 필요 없는 검사로 아픈 아이가 더 힘들지는 않을지 걱정하는 분들도 많을 것입니다. 심장병의 진단을 위해 수행하는 검사에는 어떤 것이 있으며, 각 검사들이 무엇을 진단하기 위한 것인지 알아보겠습니다.

1) 기본 검사
가장 기본적이며 기초적인 검사로, 아이의 상태를 전반적으로 파악하는 신체검사와 청진, 혈압 검사가 있습니다.

① 신체검사
심장병은 혈액 순환과 관련이 있기 때문에 특정 부분이 아니라 전신적인 문제를 유발할 수 있습니다. 또 일부 증상의 경우 심장 질환 이외의

다른 질환에 대한 감별진단이 필요하기 때문에, 전반적인 신체검사의 진행은 기본적이면서 중요한 절차입니다. 따라서 동물병원에 내원하면 수의사 선생님은 신체검사를 가장 먼저 진행합니다. 기본적으로 의식 상태가 괜찮은지부터, 생체 지수 체크(체온, 심박수, 호흡수), 호흡과 기침의 양상, 점막의 상태를 통한 혈액 순환의 확인, 혈관을 통한 박동의 세기 등을 확인합니다.

② 청진
청진은 심장병 환자의 확인에서 가장 중요한 검사입니다. 심장병은 심박수의 변화, 심장 리듬과 청진상 소리의 변화를 불러옵니다. 그래서 심장병 환자의 심장을 청진하면, 혈류가 요동치는 흐름과 주위 조직의 마찰에 의한 소리 등이 들립니다. 판막의 문제 등으로 혈액이 역류하면, 심장 소리를 들을 때 평소와 달리 심잡음(murmur)이 발생합니다. 이러한 심잡음이나 이상 심음의 여부 및 정도로 심장 질환 유무를 판단하고, 그 정도가 얼마나 심한지도 확인할 수 있습니다. 폐음 청진도 동시에 진행할 수 있으며, 폐포 및 기관지 호흡음, 수포음(crackle)[9]이나 천명음(wheeze)[10] 등을 체크하게 됩니다.

심장 청진을 진행하는 모습

심장 진료에 심음도를 활용하기도 합니다. 심음도란 심음과 심잡음 등 청진을 시각화하여 보여주는 장치로 심전도와 함께 기록됩니다. 각종 심장 질환 진단에 쓰이며, 특히 선천성 심장 질환 진단에 많이 활용됩니다.

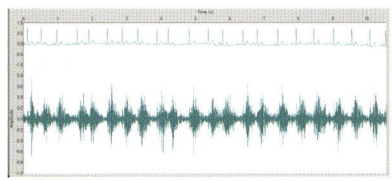

동맥관 개존증 환자에게서 연속성 심잡음이 심음도로 확인되는 모습

③ 혈압 측정

혈압의 측정 및 관리는 심장병 환자에게 매우 중요합니다. 전신 혈압은 심장의 수축력, 순환하는 혈액량 및 말초혈관의 저항 등에 영향을 받습니다.

심장이 한 번 수축할 때 나오는 혈액을 1회 심박출량이라고 하며, 이 1회 심박출량과 심장이 뛰는 횟수를 가지고 심박출량을 알 수 있습니다. 따라서, 심장에서 뿜어져 나오는 혈액의 양과 전신 혈관의 저항성에 의해 우리 몸의 혈압이 결정됩니다. 심장이 빨리 뛰거나 1회 박출량이 증가하면 전체 심박출량이 상승하고, 이 경우 혈압이 상승합니다. 예를 들어 흥분하거나 놀라면 일시적으로 심박수가 증가하는데, 이 경우 혈압도 일시적으로 함께 상승합니다. 전신 혈관의 저항성은 혈관이 수축하거나 혈관이 두꺼워지면 상승합니다. 예컨대 스트레스를 받으면 말초혈관이

---

9 소기도나 폐포에 분비물이 찰 때 들리는 이상음. 거품 소리 또는 눈을 밟을 때 나는 소리와 비슷합니다.
10 공기가 좁아진 기도를 통과하면서 나는 이상음. 흔히 쌕쌕거리는 소리로 표현됩니다.

수축하며, 고지혈증이 있는 경우 혈관이 두꺼워지는데, 두 경우 모두 혈압이 상승할 수 있습니다.

심장이 수축할 때는 수축기 혈압이, 심장이 이완할 때는 이완기 혈압이 측정됩니다. 동물의 정상 혈압은 사람과 유사하며, 수축기 혈압 90~140mmHg, 이완기 혈압 50~80mmHg, 평균 동맥압 60~100mmHg를 정상으로 봅니다. 적정 혈압 유지는 전신 혈류량 및 조직에 적절한 산소와 영양을 공급하기 위해 중요합니다.

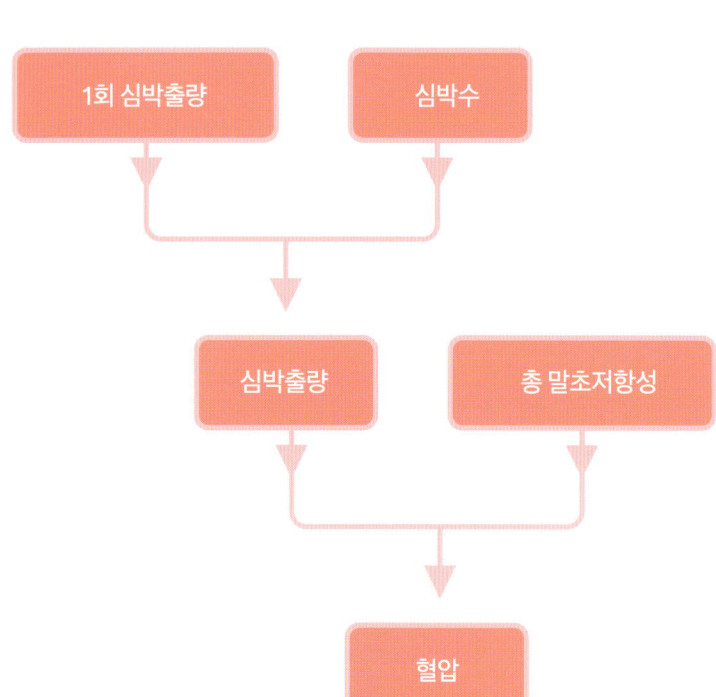

심장과 혈관에 의한 혈압 조절 모식도

요즘은 혈압계를 구비해 혈압을 지속적으로 관리해 주는 동물병원이 많아졌습니다. 혈압은 측정 방법에 따라 직접 측정 방법과 간접 측정 방법으로 나눌 수 있습니다. 직접 측정은 마취나 수술 중 혈관 내로 카테터를 직접 삽입하여 혈압을 모니터링하는 침습적 방법입니다. 간접 측정은 도플러 수동혈압계와 오실로메트릭 자동혈압계로 할 수 있습니다. 사람을 진료하는 병원에서 흔히 보이는, 팔을 넣어 직접 혈압을 측정할 수 있는 기계가 오실로메트릭 자동혈압계입니다. 오실로메트릭 방식은 혈압계 커프에 공기를 채웠다가 뺄 때 생기는 동맥혈관의 압력 진동을 센서로 감지하는 방법으로, 자동화된 시스템으로 사용이 편하고 정확해 동물 혈압 측정에도 많이 활용됩니다.

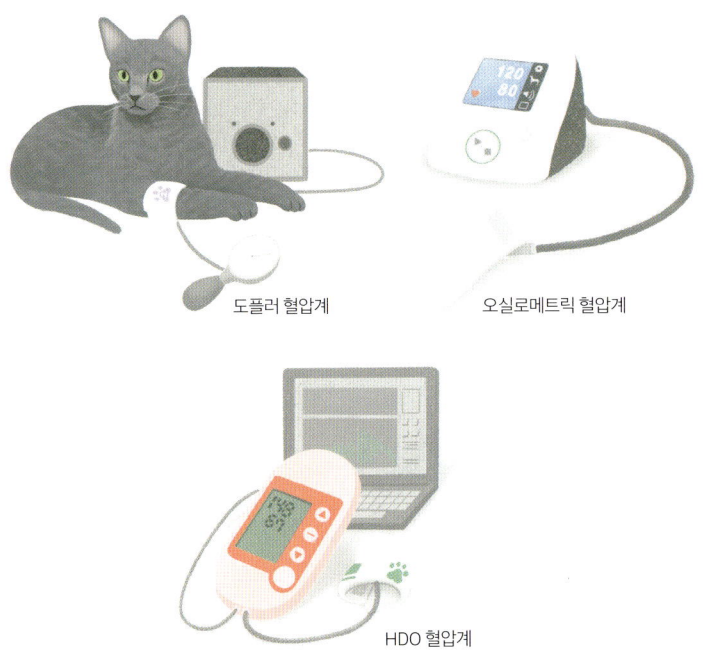

도플러 혈압계   오실로메트릭 혈압계

HDO 혈압계

고혈압이 생기면 장기에 손상이 일어납니다. 전신 고혈압이란 수축기 혈압이 140mmHg 이상인 경우로, 경미한 고혈압은 수축기 150mmHg 이상, 중등도의 고혈압은 160mmHg 이상, 심한 고혈압은 180mmHg 이상입니다. 고혈압이 지속되면 심장에 영향을 미치며, 심한 경우 갑자기 눈이 안 보이거나 신장이 망가지는 등 장기 손상이 일어날 수 있습니다. 반대로 심한 저혈압의 경우 혈액 공급이 원활하지 않아 장기의 손상이 발생합니다.

심장병 발생 시 심장과 연결된 혈관에 이차적 변화가 일어날 수 있으며, 반대로 혈압 변화를 유발하는 다양한 전신 질환이 심장에 영향을 주기도 합니다. 또 심장 질환 치료를 위해 사용한 여러 약물이 혈압에 영향을 주는 경우가 많기 때문에, 심장병 환자는 혈압을 지속적으로 측정, 관리해야 합니다.

산소방 안에서 자동혈압측정 장치로 혈압을 재는 심장병 환자

2) 정밀 검사

위와 같은 검사 및 증상을 통해 심장에 문제가 있는 것으로 판단되면, 더욱 정밀한 검사가 필요합니다.

① 심전도 검사

청진을 통해 심장의 부정맥을 확인하면, 원인을 파악하기 위해 심전도(electrocardiogram)를 이용합니다. 부정맥은 심장을 뛰게 하는 전기 전도 체계에 문제가 발생하는 경우 나타납니다. 따라서 부정맥을 정확히 치료하기 위해서는 이러한 전기 전도 체계의 어느 부분에 문제가 발생했는지 확인해야 합니다. 이를 위한 진단 도구가 심전도입니다. 심전도를 통해 전도 체계의 문제를 확인할 수 있을 뿐만 아니라, 심장 크기의 변화 역시 간접 측정할 수 있습니다.

심전도 검사는 검사가 간편하고 검사 시간이 몇 분 이내로 짧아, 심장병 환자도 간편하게 할 수 있는 검사입니다. 부정맥이 없어도 심전도 검사로 심장 질환의 진행 정도를 판단할 수 있으며, 지속적인 심전도 검사는 개체에서 심장병의 진행에 따른 심장 리듬이나 파형의 변화를 미리 평가할 수 있기에 활용도가 높은 검사법입니다.

부정맥은 심장 박동의 문제이므로 심각한 경우 심장이 이상하게 움직여 사망에 이를 수도 있습니다. 따라서 부정맥이 발생한 경우, 심전도 검사를 통해 정확한 원인을 파악하여 원인에 맞는 약물 치료를 진행해야 합니다.

심전도 검사 중인 환자

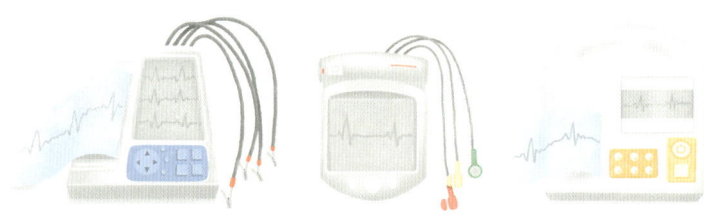

다양한 심전도 기계 및 심전도 그래프

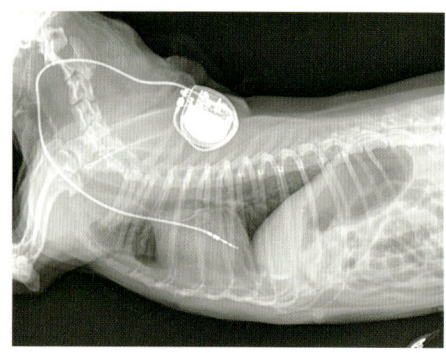

심한 서맥 때문에 기절하는 환자에게 인공심박조율기(pacemaker)를 장착한 모습

② 홀터 검사

부정맥이 지속적으로 일어나지 않고 일시적으로 일어난다면, 일회적인 심전도 검사에서 부정맥이 진단되지 않을 수 있습니다. 이 경우, 24시간 심전도 측정 장치인 홀터(holter)를 몸에 부착해 정밀 진단을 할 수 있습니다. 특히, 짧은 시간에 심전도에 이상이 발견되지 않는 경우, 심장원성 기절과 발작의 감별을 위해 홀터 검사(활동 중 심전도)를 권장합니다. 홀터 검사 진행 시, 24시간 동안 환자의 활동 모니터링을 위해 시간별로 일기를 쓰듯 하루 일과를 기록해 함께 분석해야 합니다. 따라서 홀터 검사를 위해서는 정확한 정보 제공을 위한 보호자의 노력이 필요합니다.

―――― 개의 흉곽에 홀터를 장착한 모습 ――――

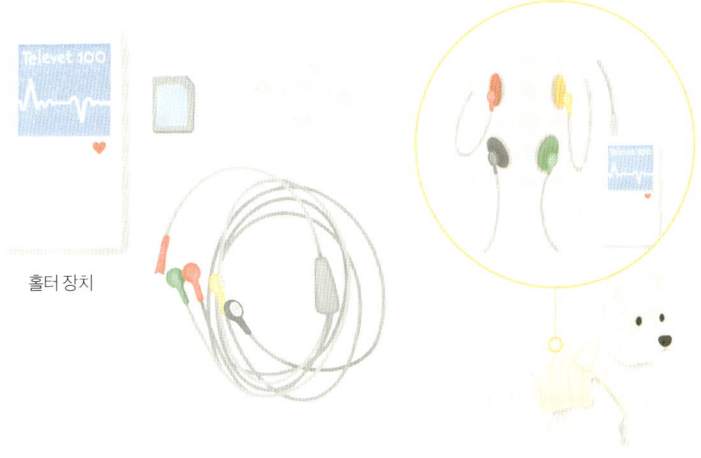

홀터장치

③ 방사선 검사

방사선 검사(radiograhy)는 심장과 혈관의 구조적 변화 및 폐의 상태를 확인할 때 많이 활용합니다. 심장병이 있으면 심장과 혈관의 형태학적 변화가 나타납니다. 예를 들어 심장이 충분히 혈액을 내보내지 못하면 심장 내에 혈액이 저류하는데, 이는 심실 또는 심방의 확장을 유발하므로 심장병 환자는 심장 크기가 정상보다 커집니다. 심장 크기는 방사선 검사로 쉽게 확인할 수 있습니다.

이외에도 심장병의 진행 정도에 따라 폐수종, 흉수 및 복수가 발생했는지, 폐실질이나 혈관, 기관지 변화 등도 방사선 검사로 확인할 수 있습니다. 방사선 검사 시 확인되는 흉곽 모양이나 심장 위치, 형태는 각 개체마다 다를 수 있으므로, 평소 건강 검진 시 촬영했던 정상 상태의 방사선 사진과 비교해보는 것이 가장 좋습니다.

심장병의 진행에 따른 심장 크기의 변화

옆으로 누운 자세의 방사선 사진

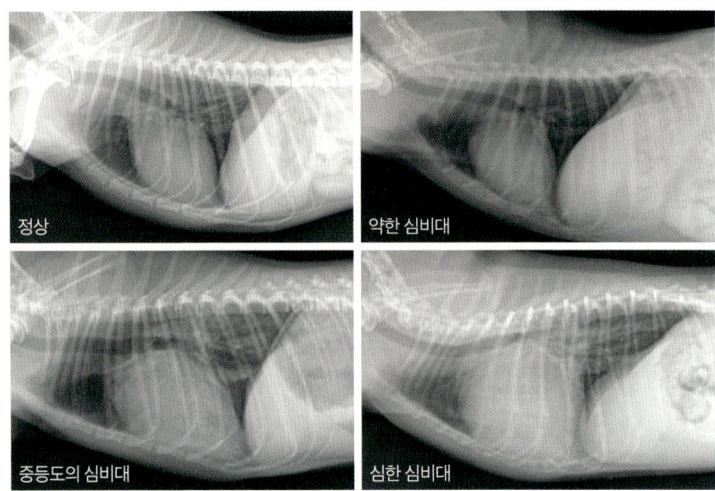

등을 바닥에 대고 누운 자세의 방사선 사진

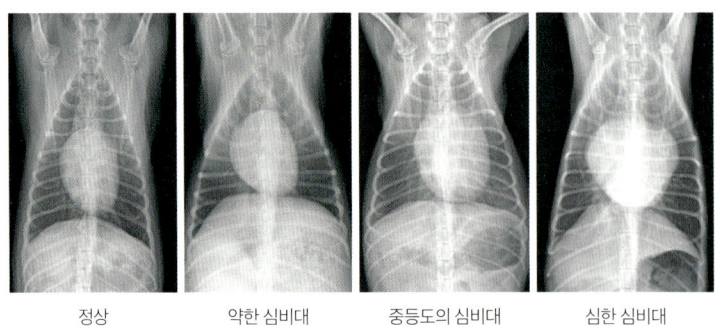

④ 심장 초음파 검사

심장병의 진단에 있어서, 질병의 정확한 평가를 위해 가장 중요하고 필요한 검사는 심장 초음파 검사(echocardiography)입니다. 심장 초음파를 통해 심장 구조 변화의 많은 부분을 확인할 수 있습니다. 방사선 검사는 심장과 혈관의 크기 변화 정도만 확인할 수 있고, 심장 내부 형태 변화는 구체적으로 확인하기 힘든 면이 있습니다. 예를 들어 소형견에게서 많이 발생하는 이첨판 폐쇄부전증의 경우, 이첨판 판막에 문제가 생긴 경우인데 방사선 검사로는 심장 내에 위치한 판막을 구분해서 볼 수 없습니다. 또한 심장의 크기가 커진 경우, 심장 내강의 확장 때문인지 심근 비대로 인한 것인지 구별할 수 없습니다.

하지만 심장 초음파 검사로는 심장 내강의 크기, 심장벽 두께 변화부터 판막 모양의 이상 여부, 혈관의 비정상적 확장 여부도 확인할 수 있습니다. 심장이나 혈관에 선천적 기형이 있다면 어느 부분에 기형이 있는지 알 수 있습니다. 또한 혈액이 판막에서 역류하는지, 역류한다면 어느 정도인지, 나아가 심장 수축력이 어느 정도인지와 같은 심장병과 관련된 구체적인 지표들을 대부분 확인할 수 있습니다. 따라서 심장 초음파 검사는 심장병 확진에 매우 중요하며 필수적인 진단 검사입니다.

심장 초음파 검사에는 30분 정도 소요되며, 검사하는 동안 환자가 측면으로 누워 움직이지 않아야 합니다. 따라서, 간혹 심장 초음파 검사를 위해 환자의 움직임을 제한하거나, 검사를 하는 것 자체가 환자의 긴장도와 스트레스를 증가시키기도 합니다. 이런 경우, 심장병 진단과 치료를 위해 검사를 시행했지만 공교롭게도 검사로 인해 심장병 증상이 진행하는 경우가 발생할 수 있습니다.

실제로 심장병 검진 이후 심장병이 악화되어 응급 내원한 경우를 저자도 경험한 적이 있습니다. 그러나 '구더기 무서워 장 못 담그랴'라는 속담이 있듯, 이처럼 드문 경우를 염려해 심장병 환자에게 제대로 된 검사를 하지 못하면 안 됩니다. 다만, 환자가 최대한 편안하고 안정감 있는 상태에서 검사를 시행해 스트레스를 줄일 수 있도록 수의사와 보호자 모두 노력해야 합니다.

최근에는 3차원 심장 초음파나 조직 도플러 기법, 국소심근의 운동 속도와 변형(strain/strain rate)을 평가하는 방법을 이용해 심장의 수축기와 이완기 기능 평가를 하기도 합니다. 이를 통해 심장의 지속적인 기능 모니터링과 치료 약물 효능 평가 등에 유용한 정보를 얻을 수 있습니다.

⑤ 심장 바이오마커 검사

이러한 영상 검사들은 심장병이 어느 정도 진행되어 심장이나 혈관에 구조적 문제가 발생한 경우에만 발병 여부를 확인할 수 있습니다. 심장병 초기에는 이러한 구조적 변화가 나타나지 않을 수 있으므로, 혈액 검사로 심장 바이오마커(cardiac biomarker)를 확인하는 것이 심장 질환 평가에 도움이 됩니다.

바이오마커란 어떤 특정 부분에 손상이 발생할 때 나오는 물질을 말합니다. 대부분 특정 장기가 손상될 때만 분비되고, 다른 장기의 손상에는 분비되지 않기 때문에 해당 바이오마커 수치가 상승하면 특정 장기의 손상을 나타낸다고 볼 수 있습니다.

현재 수의학에서 주로 사용되는 심장 바이오마커로는 N-터미널 프로 B형 나트륨이뇨펩티드(N-terminal pro-B-type natriuretic peptide, NT-proBNP)와 트로포닌 아이(troponin I)가 있습니다. N-터미널 프로 B형 나트륨이뇨펩티드는 심장 근육이 늘어날 때 분비되는 호르몬입니다. 앞서 설명해 드렸듯이 심장병이 생기면 심장을 더욱 수축시키려는 보상적 반응이 나타나고, 심장 근육은 더욱 늘어납니다. 따라서 이러한 호르몬이 평소보다 더 많이 분비됩니다. 트로포닌 아이는 심장 근육이 손상될 때 분비되는 지표로, 심장에 손상이 발생하면 그 수치가 상승합니다.

이렇게 상용화된 것 외에도 다양한 바이오마커들이 현재 연구 중입니다. 사람의 심부전 환자에 사용되는 새로운 바이오마커들도 현재 수의학에서 유용성을 평가하는 중입니다. 예를 들어 심장 지방산 결합 단백질(heart fatty acid binding protein, HFABP)은 사람의 허혈성 심장 질환 환자나 심부전 환자에 있어 사용되는 새로운 바이오마커입니다. 아직 상용화되지는 않았지만, 연구적으로는 심장 지방산 결합 단백질이 이첨판 폐쇄부전과 확장성 심근병증을 앓는 개에게 사용할 수 있는 바이오마커로 연구되었습니다.[11]

새로운 바이오마커를 찾는 연구 역시 활발히 진행되고 있습니다. 또한 기존 바이오마커들이 심장에서 분비되는 호르몬이나 효소를 이용했다면, 최근에는 아예 다른 분야인 단백질체(proteom)나, 유전자와 단백질의 기능을 조절하는 마이크로 리보핵산(mRNA)에 대한 바이오마커 연구도 진행 중입니다

또한, 이러한 바이오마커들은 심장병이 많이 진행되어 구조적 변화가 일어나기 전에 수치가 상승할 수 있기 때문에, 심장병 조기 진단에 유용하게 사용될 수 있습니다. 특히, 혈액 검사로 확인할 수 있어서 심장 초음파 검사에 비해 저렴하며 아픈 동물이 덜 힘들어한다는 장점이 있습니다. 하지만 심장병이 어느 정도 진행된 상태라면 심장 초음파로 정확하게 상태를 확인해야 합니다. 이 경우, 바이오마커의 특성에 따라 이러한 표지자들을 질환의 모니터링 지표로 활용할 수 있습니다.

---

11 Lam C, Casamian-Sorrosal D, Monteith G, Fonfara S. Heart-fatty acid binding protein in dogs with degenerative valvular disease and dilated cardiomyopathy. Vet J. 2019;244:16-22.

4.

심장병 단계에 따라 관리 방법이 다른가요?

국내 소형견종에서 많이 발생하는 심장병 중 하나는 이첨판 폐쇄부전증입니다. 미국수의내과학회(american college of veterinary internal medicine, ACVIM)에서는 질병 진행 정도에 따라 이첨판 폐쇄부전증을 크게 A, B, C, D의 4단계로 분류합니다.[12]

가장 초기인 A단계는 아직 심장병이 발병하지 않은 단계이지만 병이 나타날 수 있는 유전적 소인이 있는 개체를 나타냅니다. A단계로 진단되면 아직 치료할 단계는 아니지만, 주기적으로 심장 질환 발병 유무를 확인해야 합니다.

B단계는 증상은 나타나지 않으나 심잡음이 발생한 경우입니다. 이 단계는 크게 B1단계와 B2단계로 나뉘는데, B1단계는 심장의 구조적인 변화가 일어나기 전이고, B2단계는 심장의 구조적인 변화가 발생한 경우를 뜻합니다.

---

[12] Keene BW, Atkins CE, Bonagura JD, et al. ACVIM consensus guidelines for the diagnosis and treatment of myxomatous mitral valve disease in dogs. J Vet Intern Med. 2019;33(3):1127-1140.

미국 수의내과학회 지침에 따르면, B1단계에서는 치료를 하지 않고 6~12개월마다 심장초음파로 심장 질환의 진행 상황을 평가해야 한다고 제안합니다. B2단계에서는 심장의 구조적 변화가 보일 정도로 심장병이 진행되었으므로, 여러 가지 심장약과 영양학적 관리(처방사료 등)가 필요하다고 제안합니다. B1, B2단계에서의 약물 치료 및 관리는 수의사의 경험과 주관에 따라 다른 방식으로 진행될 수도 있습니다.

C단계는 심장 질환의 진행에 따른 임상 증상 발현 단계를 넘어, 심부전이 발생할 수 있는 단계로 B단계에 비해 더욱 많은 약이 처방됩니다. 이 단계에서는 응급 상황이 발생할 수도 있으며, 개체별 증상에 따른 즉각적인 병원 응급 처치가 필요할 수 있습니다.

D단계는 C단계 진단 이후 지속적으로 치료함에도 불구하고, 계속 심부전이 재발하는 환자입니다. 가장 심한 상태의 심장병 단계로, 기존 처치에 비해 더욱 강하고 많은 약을 투여해 관리하게 됩니다.

단계	진단	관리
A	심장병 단계는 아니나, 심장병 위험군인 상태	주기적인 심장 질환 여부 확인
B1	증상 X, 심잡음 O, 심장 구조 변화 X	6~12개월마다 심장 초음파 평가
B2	증상 X, 심잡음 O, 심장 구조 변화 O	심장약 투여, 처방사료 관리
C	심부전 발생 단계	더욱 많고 다양한 심장약 투여, 처방사료 관리
D	치료를 해도 재발하는 심부전 상태	

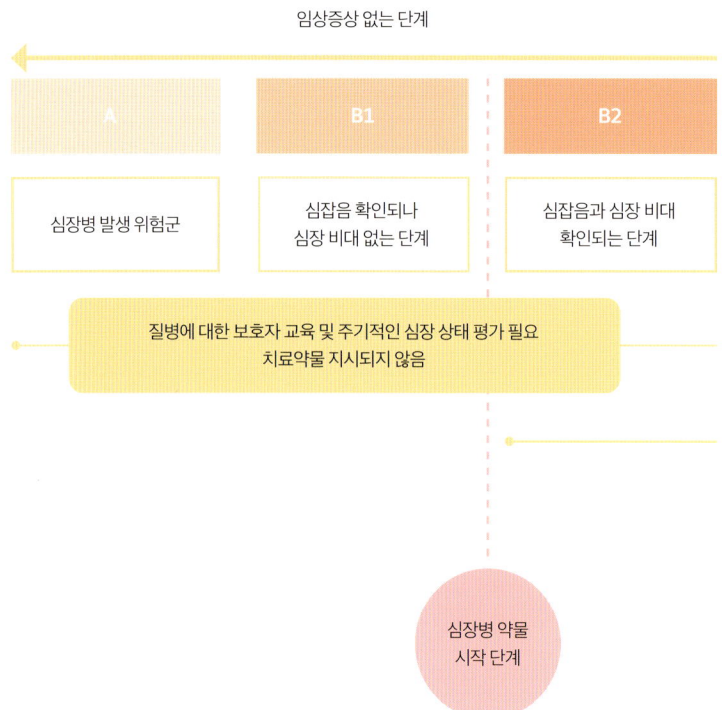

심장병의 진행 단계에 따라 진단에 활용되는 검사법이나 처방약이 달라집니다. 또, 같은 질병이라도 각 개체의 상태에 따라 처방 약물이 달라집니다. 예컨대 같은 C단계 환자를 관리하더라도 해당 환자가 자발적으로 물을 먹지 않고 탈수가 너무 심하다면, 이뇨제 사용을 줄여 약물을 처방할 수도 있습니다. 따라서 심장병 환자의 관리는 기본적인 가이드라인을 따르되, 수의사의 판단에 따라 조정할 수 있습니다.

5.

심장병의 단계별
치사율 및 예상 수명

2012년 미국 수의내과학회지에 실린 연구[13]에 의하면 심잡음이 들리기 시작하는 B단계 환자에서 치사율은 6년 동안 27.3%였으며, 평균 생존 기간은 약 1년 8개월 정도였습니다. 2016년 진행된 다른 연구[14]에 의하면 B단계 환자의 경우 평균 생존 기간은 대략 2년 정도였습니다. 같은 연구에서 강심제를 이용하여 적절히 치료한 환자의 경우는 생존 기간이 3년 5개월까지 연장되었습니다. 현재까지 보고된 연구 결과를 종합하면, B단계의 심장병 환자는 대략 2년 정도의 평균 생존 기간을 보이며, 적절한 치료로 환자의 상태가 조절된다면 생존 기간은 평균 3년 5개월까지도 늘어날 수 있습니다.

이미 심장병이 많이 진행된 C, D단계의 환자들은 심부전이 나타났을 때, 어떻게 관리를 하는가에 따라 치사율과 예상 수명이 많이 달라집니다. 2008년 진행된 한 연구[15]에 따르면, 심장병 말기 환자의 경우 평균적으로 9개월 정도 생존 기간을 보였습니다.

결론적으로 심장병을 조기 발견하고 관리하면, 그렇지 못한 환자보다 더

오래 생존할 수 있습니다. 그러므로 임상 증상이 없더라도, 심장병에 취약한 품종이거나 노령 동물이라면 정기 건강 검진을 통해 심장혈관계 이상을 조기 진단하는 것이 중요합니다. 또한, 심장병 진단 후에도 병의 진행과 약물 반응은 각자 다를 수 있으므로, 심장 관련 검사를 주기적으로 함으로써 심장병이 악화되거나 합병증이 발생하기 전에 맞춤형 관리를 한다면, 병의 빠른 진행을 막고 기대 수명을 늘릴 수 있을 것입니다.

---

13 Borgarelli M, Crosara S, Lamb K, et al. Survival characteristics and prognostic variables of dogs with preclinical chronic degenerative mitral valve disease attributable to myxomatous degeneration. J Vet Intern Med. 2012;26(1):69-75.

14 Boswood A, Häggström J, Gordon SG, et al. Effect of Pimobendan in Dogs with Preclinical Myxomatous Mitral Valve Disease and Cardiomegaly: The EPIC Study-A Randomized Clinical Trial. J Vet Intern Med. 2016;30(6):1765-1779.

15 Borgarelli M, Savarino P, Crosara S, et al. Survival characteristics and prognostic variables of dogs with mitral regurgitation attributable to myxomatous valve disease. J Vet Intern Med. 2008;22(1):120-128.

제4장

선천적으로 심장이 약한 아이들

1.

선천성 심장병이
무엇인가요?

선천성 심장병은 심장의 형성 및 발달 과정에 문제가 생겨, 태어나면서부터 심장 구조에 기형이 발생하거나 기능에 문제가 생기는 질환입니다. 명확한 원인이 밝혀지지는 않았지만, 품종에 따른 유전적 소인이 확인되고 있습니다. 선천성 심장병의 종류와 중증도, 임상 증상 등은 다양하게 나타날 수 있으며, 일반적으로 나이가 들수록 질병이 더 진행됩니다. 따라서, 출생 이후 빠르게 선천성 심장병을 진단하고 적절한 치료 및 관리를 하는 것이 중요합니다.

또한, 선천성 심장병은 단일 질환이 아니라 복합적으로 여러 질환이 함께 발생하는 경우가 많습니다. 어린 개체에서 심장병이 의심되는 경우 심장 초음파 검사를 포함한 심장 관련 정밀 검사를 통해 정확한 진단을 하고, 그에 따른 적절한 치료를 하는 것이 중요합니다.

선천성 심혈관 질환 모식도

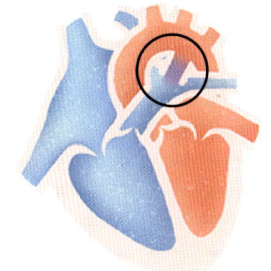

동맥관 개존증

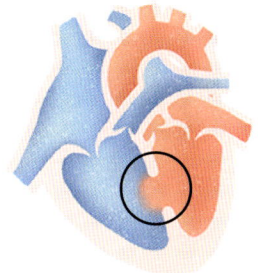

심실 중격 결손

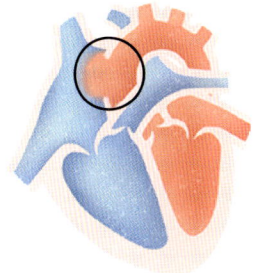

심방 중격 결손

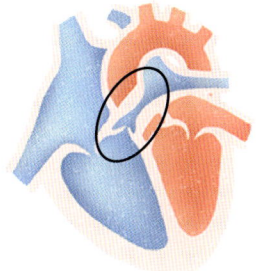

폐동맥판 협착증

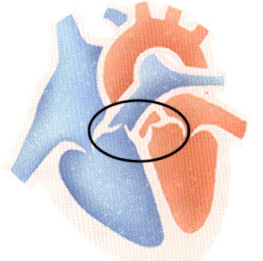

대동맥하 협착증

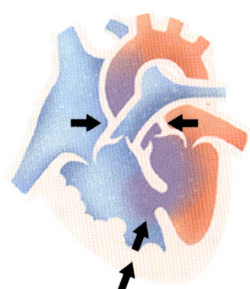

팔로사징

2.

선천성 심장병의 종류 및 많이 발생하는 품종

선천성 심장병은 심장이 형성되고 발달하는 과정에서 심장 내부 구조물에 기형이 발생한 것으로, 심장의 기본적인 순환 기능에 영향을 미칩니다. 심장 내부의 구조물인 판막, 심장과 연결된 혈관들에 발생한 기형에 의하여, 전신과 폐순환 사이에 부적절한 연결이 일어납니다.

개에게서 발생하는 선천성 심장병으로는 동맥관 개존증(patent ductus arteriosus), 대동맥하 협착증(subaortic stenosis), 폐동맥판 협착증(pulmonic stenosis)이 있습니다. 그 외에도 우동맥궁 잔존증(혈관고리 기형), 심실 중격 결손증(ventricular septal defect), 팔로사징(tetralogy of fallot)은 낮은 빈도로 발생합니다. 고양이에게서는 방실 판막 이형성, 심방 혹은 심실 중격 결손이 흔하게 발생하며, 개와 마찬가지로 대동맥하 협착증, 동맥관 개존증, 팔로사징, 폐동맥판 협착증도 발생할 수 있습니다.

―――― 심부전 원인에 따른 다양한 선천성 심장 질환 ――――

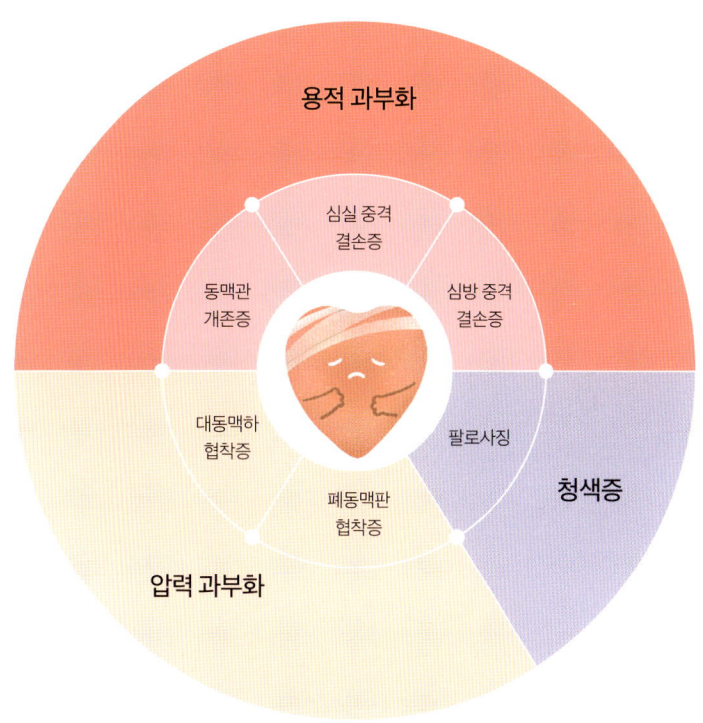

1) 동맥관 개존증(patent ductus arteriosus, PDA)

동맥관 개존증은 강아지가 태어나면 생후 수 시간 이내에 정상적으로 닫혀야 하는 구조물인 동맥관이 닫히지 않아 발생하는 질환입니다. 동맥관은 폐동맥과 대동맥 사이를 잇는 혈관으로, 폐호흡을 하지 못하는 태아기 때 혈액이 폐를 거치지 않고 대동맥을 통해 흐르게 함으로써 빠른 혈류 순환 및 산소 공급을 위해 존재하는 구조물입니다. 정상적으로 출생 이후 숨을 쉬고 폐호흡이 시작되면 퇴화해서 없어져야 하는 이 구조물이 남아있으면, 대동맥을 통해 전신을 순환해야 하는 혈액이 대동맥의 압력에 의해 동맥관을 통해 폐동맥으로 흐르게 됩니다.

따라서, 폐의 혈액 순환이 증가하고 좌심방과 좌심실의 혈액 저류가 발생합니다. 이는 심장에 용적 과부하를 가져와, 좌측 심장의 내강 확장으로 인한 심비대가 발생합니다. 일부 경우 폐혈관 저항성이 상승하면서 좌측에서 우측으로 흐르는 혈액의 흐름(좌우단락)이 바뀌어, 우측에서 좌측으로 혈액이 흐르게 되는데 이를 우좌단락이라 합니다.

동맥관 개존증이 발생한 환자는 일반적으로 기침, 빠른 호흡 등을 보이며, 우좌단락이 발생하면 청색증을 유발할 수 있습니다. 대부분 처음 진단 당시에는 무증상인 경우가 많으며, 청진 시 들리는 특징적인 연속성 심잡음으로 해당 질환을 발견할 수 있습니다.

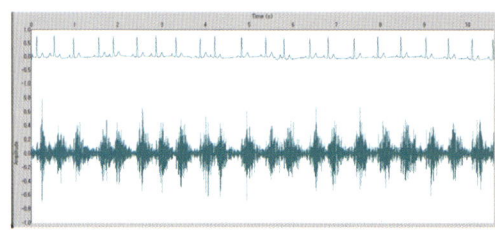

동맥관 개존증이 발생한 환자의 심음도상 연속 잡음 사례

동맥관 개존증이 많이 발생하는 품종으로는 말티즈, 포메라니안, 셔틀랜드 쉽독, 비숑 프리제, 토이 및 미니어처 푸들, 요크셔테리어 등이 있습니다.

2) 대동맥하 협착증(subaortic stenosis, SAS)

대동맥하 협착증은 대동맥 판막 아래쪽의 섬유 혹은 근섬유 고리에 의해 판막 부위가 좁아지는 질환으로, 주로 대형견종에게 많이 발생합니다. 대동맥하 협착증에 의한 이차적인 변화로 대동맥이나 이첨판의 역류가 일어날 수 있으며, 이는 심장의 용적 과부하를 초래합니다. 기력 저하, 운동 불내성, 실신 등의 증상을 보이며, 이 질환이 많이 발생하는 품종으로는 골든 리트리버, 로트와일러, 복서, 그레이트 데인 등이 있습니다.

3) 폐동맥판 협착증(pulmonic stenosis, PS)

폐동맥판 협착증은 폐동맥판의 판막이 융합되거나 비정상적으로 변형되는 질환이며, 소형견종에게 많이 발생합니다. 이로 인해 우심실에 압력 과부하가 일어나며, 우심실이 심하게 비대해지면서 심근 허혈과 그로 인한 합병증이 유발됩니다. 임상 증상으로는 운동 불내성, 실신 등의 증상이 나타나고, 우심에 심한 울혈성 심부전이 발생하면 복수가 찰 수도 있습니다.

4) 심실 중격 결손(ventricular septal defect, VSD)

심실 중격 결손은 대부분 중격의 얇은 막 부분에 위치하며 대동맥판막이나 삼첨판막 아래 있습니다. 특히 고양이는 심실 중격 결손이 다른 방실 중격 기형과 동반될 수 있습니다. 심실 중격 결손은 폐순환과 좌심방, 좌심실, 우심실 유출로에 용적 과부하가 생기며, 중등도 이상의 결손은 좌측 심장의 울혈성 심부전으로 진행됩니다. 중격의 크기가 클수록 과순환이 심하여 이차적으로 폐성 고혈압이 발생하기 쉽습니다.

5) 심방 중격 결손(atrial septal defect, ASD)
심방 중격 결손은 좌심방과 우심방 사이를 막아주는 중격에 결손이 발생한 것으로, 흔히 다른 심장 기형이 동반됩니다. 대부분의 심방 중격 결손은 좌심방에서 우심방으로 혈액이 단락되어 우심에 용적 과부하를 초래합니다. 만약 폐동맥판 협착증 혹은 폐성 고혈압이 있다면 우심방에서 좌심방으로 혈액이 단락되는 역전 현상이 일어날 수 있고, 발바닥, 귀, 잇몸 등의 점막이 파랗게 변하는 청색증이 발생할 수 있습니다.

6) 방실 판막 기형(이첨판 이형성, 삼첨판 이형성)
이첨판 이형성은 골든 리트리버, 저먼 셰퍼드, 그레이트 데인과 같은 대형견종에 가장 흔하고 고양이에게서도 발생합니다. 판막성 역류의 기능적 이상이 가장 현저하게 나타나며 더욱 심해질 수 있습니다. 이 경우 흔히 나타나는 임상 증상으로는 운동하기 힘들어함, 호흡기 증상, 식욕 저하, 심방성 부정맥(특히 심방세동)이 있습니다.

삼첨판 이형성은 대형견에게서 주로 진단되며, 특히 래브라도 리트리버와 수컷에게서 발생률이 높습니다. 또한, 고양이에게서도 발생 가능합니다. 삼첨판 이형성이 있으면 우심방과 우심실의 확장기말압력이 점차 늘어나, 결국 우측 울혈성 심부전을 일으킵니다. 개의 경우, 초기 단계일 때는 무증상이거나 운동할 때 조금 힘들어하는 모습을 보일 수 있습니다. 하지만, 복수로 인한 복부 팽만, 흉수로 인한 호흡 곤란, 식욕 감소, 심장원성 심한 체중 감소 등도 종종 발현될 수 있습니다.

7) 팔로사징(tetralogy of fallot)

팔로사징은 네 가지 기형(심실 중격 결손, 폐동맥판 협착증, 대동맥의 우전위, 우심실 비대)이 함께 발생하는 선천적 질병입니다. 네 가지 기형이 발생하면서 우측 심장에서 좌측 심장으로 많은 양의 혈액이 이어져 운동성 허약, 호흡 곤란, 실신, 청색증, 발육 부전 등이 나타납니다. 이는 운동 후에 특히 심각해지는 특징이 있습니다. 케이스혼트 종에서 이 질병이 유전될 수 있음이 확인됐고, 다른 종의 개와 고양이에게서도 발생할 수 있습니다.

8) 혈관고리 기형(vascular ring anomalies)

혈관고리 기형에는 배아기에 대동맥궁에서 형성된 혈관의 다양한 기형이 있을 수 있습니다. 개에게 가장 흔한 혈관고리 기형은 우대동맥궁 잔존증(persistent right aortic arch)입니다. 퇴화되어야 할 우대동맥궁이 퇴화되지 않고 남아 혈관고리를 형성하게 되는 질환인데, 이 혈관고리가 심기저부 위치에서 기관과 식도를 둘러싸며 누르게 됩니다. 이러한 혈관고리는 식도를 통한 정상적인 고형 음식의 이동을 방해하여, 이유기 후 6개월 내에 음식의 역류나 발육 지연의 임상 증상이 나타납니다. 고양이는 혈관고리 기형이 발생하는 일이 드물며, 개 중에서는 저먼 셰퍼드, 그레이트 데인, 아이리시 세터에게서 많이 발생합니다.

9) 삼심방증(cor triatriatum)

삼심방증은 비정상적인 막에 의해 우심방 혹은 좌심방이 두 개로 나뉘는 흔치 않은 선천적 질병입니다. 개의 경우 우측 삼심방증이 몇 사례 보고되어 있으나 좌측 삼심방증은 극히 드뭅니다. 그중 중대형 견종에 흔히 발생하고 어린 나이에 지속적으로 발생하는 임상 증상은 복수가 차는 것입니다. 운동 불내성, 기면증, 복부 피부의 정맥이 확장되거나 때때로 설사도 나타납니다.

10) 심장내막 탄력섬유증(endocardial fibroelastosis)
심장내막 탄력섬유증은 좌심방과 좌심실 내벽에 섬유 조직이 비정상적으로 많이 증식하는 질환입니다. 심내막이 두툼해지고, 심내강의 확장이 특징인 선천적 질병입니다. 이 질병은 고양이에게 가끔 나타나며 특히 버만과 샴 종에 주로 나타납니다. 또한 개에게서도 나타날 수 있습니다. 좌심부전이나 양심실 모두에서 심부전이 어린 시기에 발생할 수 있는데, 대부분 환자가 사망하기 전에는 확진하기가 어렵습니다.

3.

선천성 심장병의
치료 및 관리 방법[16]

선천성 심장병 치료의 기본은 기형적인 혈관이나 이상 구조를 교정하여 불필요한 혈류의 흐름을 막아주는 데 있습니다. 보통의 질환이 그렇듯이, 일반적으로 심장병도 진단 이후 완치의 개념이 없습니다. 하지만, 일부 선천성 심장병은 기형적인 심장 구조를 교정하면 정상적인 심장 기능을 할 수 있습니다. 흉곽 절개를 통해 수술적인 심혈관 기형 구조의 복구를 시도하거나, 최근에는 혈관을 통한 심장중재술을 이용합니다. 이러한 구조적 교정이 쉽지 않다면 다양한 심혈관 약물 치료로 질병의 진행을 늦추지만, 대부분 정상 개체에 비해 평균 수명이 짧습니다.

사람과 마찬가지로 수의학에서도 최근 혈관을 통한 심장중재술이 활성화되었습니다. 심장중재술이란 혈관에 카테터를 삽입하여 심장 내부 또는 목표로 삼은 혈관 부위까지 접근하여 시술하는 방법입니다. 비정상적으로 연결된 혈관 단락을 폐색시키거나 심장 내 중격의 결손 부위를 교

---

16 Small animal internal medicine. Nelson. 5th edition

정할 수 있으며, 좁아진 혈관 부위에 풍선 카테터를 삽입하여 그 부위의 압력을 낮추고 혈류 흐름을 개선하는 풍선판막 성형술 등의 치료가 실제로 사용되고 있습니다. 이러한 심장중재술은 수술에 비해 비교적 고통이 덜하고 환자 회복이 빨라, 근래 선호되는 선천성 심장병 교정 방법입니다. 아래에 각 선천성 심장병 종류마다 적절한 치료 및 관리 방법을 공부해 보겠습니다.

1) 동맥관 개존증의 치료

혈관을 막는 장치를 동맥관 내에 위치시키는 중재적 시술을 실시할 수 있으며, 이러한 중재적 시술은 외과적 결찰법보다 환자의 고통과 위해가 적습니다. 시술로 비정상적인 동맥관을 막아주면, 대동맥과 폐동맥 사이의 혈류 흐름이 차단되어 심장 질환이 진행하지 않게 됩니다. 여러 가지 심장 질환 중 동맥관 개존증이 가장 치료 빈도가 높으며, 동맥관의 폐색이 잘 된 경우 환자의 생존 기간은 정상 개체만큼 길어집니다. 심장중재술이나 수술을 통해 연결된 혈관을 폐색시킬 수 없는 경우에는, 좌심부전에 준하는 약물을 처방받아 계속 복용해야 합니다.

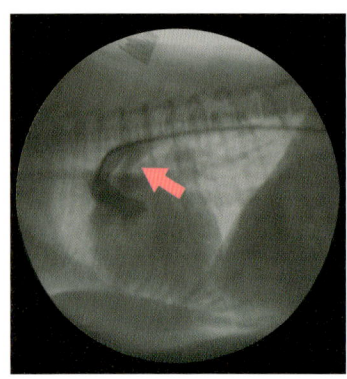

심장중재술 실시 중 혈관 조영으로 확인한 비정상적인 동맥관

―― 중재술에 이용되는 다양한 폐색기와, 시술 후 방사선 사진 ――

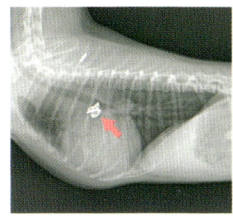 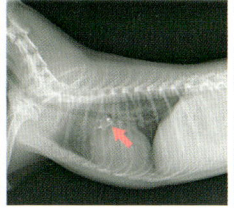 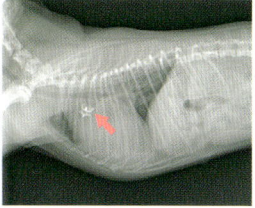

좌측부터 코일(coil), 혈관 폐색기(ductal occluder), 개 전용 amplatzer 혈관 폐색기(ACDO)

2) 폐동맥판 협착증의 치료

폐동맥판 협착증이 심하게 진행된 경우 풍선판막 성형술에 의한 증상 완화가 추천됩니다. 풍선판막 성형술은 심장 카테터 삽입 및 심혈관 조영술과 함께 시행하며, 특별히 제작한 풍선 카테터를 판막을 통해 통과시킨 다음 부풀려 협착된 구멍을 넓힙니다. 이러한 시술적 처치가 불가능한 경우, 환자가 울혈성 심부전 증상을 보인다면 이에 대한 약물치료를 실시합니다. 이 경우 우측 심실의 부담을 줄여주고 부정맥의 발생을 최소화하기 위하여 베타 수용체 차단제를 사용할 수 있습니다.

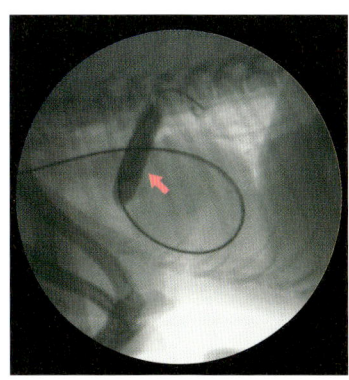

폐동맥판 협착증이 있는 환자에게 풍선판막 성형술을 실시하는 모습

3) 심실 중격 결손의 치료

완전한 치료를 위해서는 체외순환 장치를 이용하여 심장을 열어 수술할 수 있으나 이런 수술이 가능한 곳은 많지 않습니다. 혈관 내 카테터를 통해 폐쇄 기구를 삽입하는 방법도 성공적으로 시행될 수 있습니다.

만일 수술이나 시술이 불가능하면, 약물을 이용하여 울혈성 좌심부전을 내과적으로 치료해야 합니다. 환자에게 폐성 고혈압이 존재하거나 역단락[17]이 존재하는 경우, 증상 완화를 위한 수술이나 시술을 시도해서는 안 됩니다.

4) 심방 중격 결손의 치료

결손 부위의 크기에 따라 처치가 결정됩니다. 결손 부위 크기가 작은 경우 대부분 증상이 없어 치료가 필요하지 않습니다. 만일 결손 부위가 큰 경우는 심실 중격 결손과 유사하게 외과적 수술이나 시술이 실시될 수 있지만, 역시 많이 행해지는 치료가 아닙니다. 만일, 울혈성 심부전이 진행된 경우 내과적으로 약물을 이용해 치료를 해야 합니다.

5) 이첨판·삼첨판 이형성의 치료

울혈성 심부전과 부정맥에 대한 내과적 치료를 실시하며, 일반적으로는 이뇨제를 포함한 약물을 사용합니다. 판막의 변성이 적은 경우는 수년간 임상 증상이 없을 수 있으며, 변성이 심한 경우 약물 치료에도 반응이 좋지 않을 수 있습니다. 일부 사례에서 외과적인 판막 재건술 또는 교체술이 가능할 수 있습니다.

---

17 정상 혈류 흐름의 방향이 바뀐 경우

6) 팔로사징의 치료

일반적으로 증상 완화를 위한 약물 처치가 추천됩니다. 증상에 따라서 베타 수용체 차단제를 사용하여 심장을 천천히 뛰게 하고 폐혈류량을 늘려줍니다. 청색증이 있는 경우, 산소 처치가 필요하며 적혈구 증가증이 확인되면 정기적인 사혈이나 약물 처치로 관리해 주어야 합니다. 혈전 생성의 위험이 높기 때문에, 혈전 관리를 해주어야 하며 주기적인 혈액 검사가 필요합니다. 외과적 처치의 경우, 체외순환 장치가 필요하며 가슴 절개와 함께 심장을 연 상태로 수술해야 해서 많이 이용되지 못합니다. 또한, 팔로사징에서는 운동 제한을 해야 하고 전신적 혈관 확장 효과가 있는 약물은 투여하지 말아야 합니다.

7) 혈관고리 기형의 치료

추천되는 치료법은 동맥관 인대의 외과적 분리입니다. 이러한 분리를 통해 식도 압박을 해소해 주어야 합니다. 간혹 수술이 성공적으로 되었음에도 임상 증상이 해소되지 않는 경우가 있는데 이 경우 영구적인 식도 운동성 이상이 발생했음을 의미합니다. 내과적 처치로는 소량의 반 고형식 혹은 액상 음식을 여러 번 나누어 주어야 합니다. 이러한 급여는 평생 지속해야 할 필요가 있습니다.

8) 삼심방증의 치료

비정상적인 막에 큰 구멍을 내거나 비정상적인 막을 절제해야 합니다. 수술적 방법으로는 저체온요법, 또는 저체온요법 없이 막을 절제하거나 판막 확장기를 이용하는 방법이 있습니다. 환자에게 고통이 덜하고 위해가 적은 시술 방법으로는 비정상적인 막의 구멍을 경피풍선 확장술로 확장하는 방법도 있습니다.

선천성 심장병으로 인한 울혈성 심부전이 발생한 경우, 이뇨제를 포함한 적절한 약물 처치, 흥분 상황 최소화, 염분이 낮은 사료 등을 통해 관리할 수 있습니다.

제5장

심장병 치료 시 주의사항

1.

약물을 먹일 때 주의해야 할 사항이 있나요?[18]

일반적으로 알려진 심장병 관리 기본 약물은 이뇨제입니다. 하지만 이뇨제 외에도 심장병의 종류에 따라 적용하는 치료 약물이 다르고, 개체의 상태에 따라 약물 종류와 용량이 달라질 수 있습니다.
한 가지 약물로 모든 질환을 치료할 수는 없습니다. 또한, 같은 약물이라도 개체마다 그 효능과 부작용의 정도가 다를 수 있습니다. 따라서, 반드시 심장 정밀 검사를 실시해 개체의 상태를 정확히 평가한 다음, 그에 맞는 적절한 치료를 받는 것이 중요합니다. 이러한 약물을 사용할 때는 다른 약물이나 음식과의 간섭 현상, 부작용 등 주의사항을 알고 있어야 합니다.

1) 전반적인 주의사항
질병을 치료하기 위해 처방된 약물들은 사탕처럼 달콤하지 않습니다. 내 몸을 위해 쓴 약을 삼키는 성인과 달리 유아들은 약을 잘 먹지 않으려 하고, 보호자들은 갖은 방법을 동원해 약을 먹이려 애씁니다.

아이에게 약을 먹일 때처럼, 반려동물들도 입에 쓴 약을 먹지 않으려 합니다. 그래서 보호자는 약 먹이는 것을 어려워하다 정해진 복용량을 다 먹이지 못하거나, 양을 임의로 조절해 먹이는 경우가 많습니다.

그러나 심장병은 완치되는 질병이 아니라, 꾸준한 투약을 통해 관리해야만 하는 질병이기 때문에 장기간의 투약이 필요합니다. 즉, 심장병 약물을 처방받기 시작하면 약물 종류와 용량, 투약 빈도가 달라질 뿐, 아이들이 생을 마감하는 날까지 꾸준히 투약하게 됩니다. 그러므로 약물은 반드시 처방받은 용량대로 모두 먹여야 합니다. 약물 부작용 걱정이나 환자의 임상 증상과 관련하여 약물을 조절하고 싶다면 반드시 담당 수의사와 상담을 통해 조절하여야 합니다.

약물을 알약으로 먹인다면 반려동물이 스스로 삼키게 하기는 어렵습니다. 반면 약물의 냄새를 감춰주기 때문에 냄새에 예민한 동물에게 먹이기 쉬운 장점도 있습니다. 알약을 먹일 때는 송곳니 뒤를 손으로 잡고 입을 벌린 뒤, 약을 최대한 입안 깊숙이 목구멍 쪽으로 넣은 다음 입을 다물게 하고, 목을 쓰다듬어 주거나 코에 바람을 불어 알약을 삼키게 합니다.

이와 같은 방법이 어렵거나 반려동물이 너무 싫어하는 경우, 치즈 등 간식으로 알약을 잘 감싼 다음 간식과 함께 주는 방법도 있습니다. 최근에는 알약을 감싸 먹이기 편한 모양의 투약 보조 간식들도 있습니다.

가루로 된 약물을 제공받거나, 환자가 알약을 삼키지 못해 가루로 먹여야 하기도 합니다. 가루약은 물에 타서 주사기를 이용해 송곳니 뒤로 흘려 넣어 먹이는 방법이 있습니다. 이때 물 대신 시럽을 이용해 가루약 냄새를 감추거나, 달콤하고 끈적한 잼이나 꿀과 함께 섞어 먹일 수도 있습니다.

---

18 MSD veterinary Manual / Plumb's Vet Drug / 6th Ettinger, Textbook of Veterinary Internal Medicine, 8th Edition.

때로는 습식 사료나 간식과 함께 버무려 먹일 수도 있는데, 이때 주의할 것이 있습니다. 습식 사료에 약물을 섞어 주었을 때 냄새 때문에 이를 거부한 경험이 있다면, 추후 약을 넣지 않아도 같은 종류의 습식 사료를 먹지 않을 수 있습니다. 따라서 약물 급여가 식이 감소로 이어지지 않도록 신경 써야 합니다.

---간식으로 알약을 감싸 먹이는 방법---

치즈 등 간식으로 알약 감싸기

① 알약은 먹이기 전에 간식으로 감싸 둔다.
② 송곳니 뒤를 손으로 살짝 잡는다.
③ 반사적으로 입을 벌릴 때 바로 약을 넣는다.
④ 알약은 최대한 입안 깊숙이, 목구멍 쪽으로 넣는다.
⑤ 입을 감싸 쥐고, 목을 쓰다듬거나 코에 바람을 불어 삼키게 한다.

가루약을 먹이는 다양한 방법

① 시럽을 이용해 가루약 냄새를 감춘다.
② 끈적한 잼이나 꿀에 섞어 먹인다.
③ 물에 타서 주사기를 이용해 송곳니 뒤로 흘려 넣어 먹인다.

투약 보조 간식과 도구로 알약 먹이는 방법

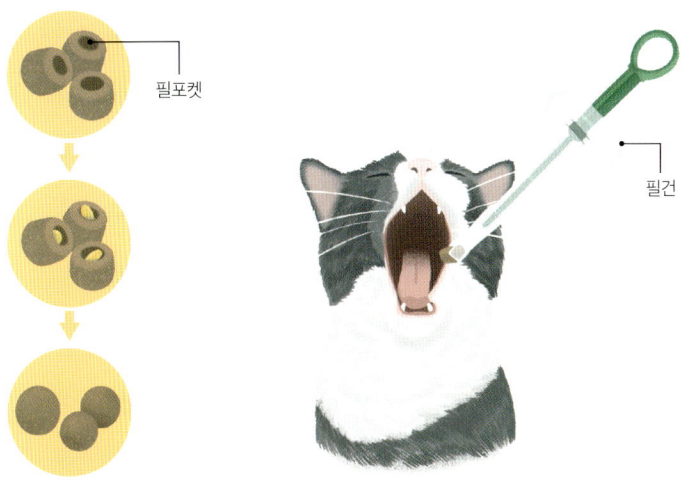

필포켓

필건

투약 보조 간식인 필포켓. 구멍이 뚫린 부분에 알약을 넣고 잘 감싸서 먹인다.

투약 기구인 필건. 입안 깊숙이 알약을 투여할 수 있다.

심장병은 경구 약물을 통한 지속적인 관리가 무엇보다 중요하며, 평생을 관리해야 하는 질병이기에 반려동물뿐만 아니라 보호자 역시 약을 쉽고 편하게 먹일 수 있도록 여러 가지 방법들을 시도해보고, 약을 먹이는 데 익숙해져야 합니다.

함께 생활하는 반려동물이 사는 동안 아프지 않고 건강하게 지내길 바라는 것은 당연한 마음입니다. 하지만, 사람이 살아가는 생애 주기의 5분의 1 정도의 삶을 사는 반려동물들이 나보다 먼저 나이 들고 질병이 발생하여 우리 곁을 떠나는 일은 어찌 보면 당연한 수순입니다. 투약이나 병원 방문과 같이 반려동물들이 하기 싫어하는 일이라 하더라도, 어릴 때부터 익숙해질 방법을 고심해서 찾아두는 것은 중요합니다. 아픈 아이들을 돌보는 보호자들과 이야기를 나누어 보면, 보호자의 삶의 질도 함께 떨어지는 것을 알 수 있습니다. 이는 아픈 동물들을 보살피는 보호자들의 삶에서 간병과 관련한 스트레스가 만만치 않기 때문입니다.

2) 약물별 주의사항 및 부작용

어떤 약이든 수의사의 지시 없이 절대 중간에 임의로 중단해서는 안 되며, 투약 받은 약물의 양을 임의로 조절해서는 안 됩니다. 이뇨제의 경우 처음 투약 시 다음, 다뇨 증상이 나타날 수 있으나 이는 부작용이 아닌 생리적인 현상입니다. 다만, 이뇨제 급여 시에는 탈수가 되지 않도록 충분한 물을 항시 공급하는 것이 중요합니다. 산책 배뇨하는 강아지의 경우 필요하다면 산책의 빈도를 늘리는 것이 좋습니다.

강심제의 투여 시, 구토나 설사 같은 소화기계 증상이 미약하게 나타날 수 있습니다. 따라서, 강심제를 투여할 때는 수의사의 처방에 따라 부작용을 모니터링하며 적절한 용량으로 투약하는 것이 중요합니다.

항고혈압 치료제 적용 시 나타날 수 있는 가장 대표적인 부작용은 저혈압이며, 주로 기력 저하나 운동 소실의 증상으로 나타납니다. 따라서 이와 같은 증상이 추가로 나타난다면 병원에 내원해 상담 후 용량을 조절하는 것이 필요합니다.

기관지 확장제 투약 시에는 마치 사람이 커피를 마신 것 같이 밤에 잠을 못 자고 불안해하거나 약간의 각성을 보이는 증상이 일시적으로 나타날 수 있지만, 용량을 줄이거나 시간이 지나면 괜찮아지는 경우가 대부분입니다. 이 경우도 약물의 용량 조절은 반드시 주치의와 상의하여 결정하고, 임의로 약물의 용량을 조절하지 않아야 합니다.

혈전 예방제의 경우, 개체에 따라 구토나 식욕 저하, 설사, 혈변 등 위장 관계 부작용이 드물게 나타날 수 있습니다. 이 밖에도 약을 먹였을 때 아래와 같은 부작용이나 평상시와 다른 증상들이 나타난다면 병원에 찾아가 수의사와 상담하는 것이 좋습니다.

약물 종류	보고된 부작용
이뇨제	과도한 목마름, 무기력, 소변량 감소, 심박수 증가, 구토, 설사
강심제	구토, 설사, 식욕 부진, 무기력, 실신
부정맥 치료제	식욕 부진, 체중 감소, 피로, 불안정함, 심박수 증가
고혈압 치료제	구토, 설사, 저혈압, 일시적인 무기력
기관지 확장제	어지럼증, 구토, 불면증, 설사, 다식, 다음, 다뇨
혈전 예방제	출혈(흑변, 혈변), 구토, 식욕부진, 무기력

2.

이뇨제를 먹이면
신장이 나빠지지 않나요?

이뇨제를 사용할 때 보호자가 가장 많이 우려하는 점은 신장을 망가뜨리지 않을까 하는 점입니다. 실제 심부전 환자의 약물 처방 시에 보호자가 가장 많이 하는 질문은 "이뇨제를 먹게 되면 신장이 빨리 망가져서 신부전이 오는 게 아닌가요?"입니다. 이뇨제가 신장을 망가뜨려 환자가 빨리 죽지 않을까 하는, 이뇨제에 대한 막연한 불안감이나 불신을 품은 보호자 분들도 꽤 계십니다. 결론부터 말씀드리자면, 장기간의 이뇨제 사용은 신장에 부담이 되는 것이 맞습니다.

여기서 잠깐 심장과 신장의 관계를 짚고 넘어가겠습니다. 심장병 치료를 하면서 꼭 염두에 두어야 하는 장기가 신장입니다. 심장병과 신장병의 치료는 서로 반대의 목표를 가지고 있습니다. 마치 이루어질 수 없는 비극적 소설의 주인공처럼, 심장병 치료 방법은 신장에 부담을 주고, 신장병 치료 방법은 심장에 무리를 줍니다. 그 비극의 가운데 '물(수분)'이 있습니다.

앞서 드린 설명에서 심부전 발생 시 심장 내에 체액이 저류되고, 이러한 체액의 저류는 심장뿐 아니라 폐에도 발생하여 호흡 곤란과 기침 등의 증상이 생긴다고 말씀드렸습니다. 좌심의 문제든 우심의 문제든 결국 몸의 곳곳에 액체인 수분이 저류하게 되어 임상 증상이 나빠지기 때문에, 심장병 치료의 핵심은 물을 빼 주는 데 있습니다.

반대로 신장 질병의 치료 목적은 수분 공급에 있습니다. 신장은 몸에서 노폐물을 걸러주는 기능을 수행하는 기관으로, 충분한 물이 공급되어야만 노폐물이 체외로 잘 배출됩니다. 신장 기능이 감소하면 체내에 노폐물이 쌓이는데, 이것를 간접적으로 보여주는 수치가 혈액 검사 수치 중 혈중요소질소(blood urea nitrogen) 수치, 즉 BUN과 크레아티닌(creatinine)이라고 하는 수치입니다. 즉, 물을 몸에 넣어주면 신장에 이로우나 심장에는 해롭고, 물을 몸에서 뽑아내면 심장에는 이로우나 신장에는 해롭습니다.

다시 심장병에서의 이뇨제 사용으로 돌아와 보면, 심장병 치료를 위해 이용하는 이뇨제는 신장의 혈류역학적 변화를 가져옵니다. 쉽게 말해서 신장으로 가는 물의 양을 조절한다는 의미입니다. 즉 이뇨제 사용으로 체액이 줄어든다면, 심장에서 내뿜는 혈액의 25%가량을 받는 신장의 혈류량 또한 감소하며, 이는 신장 관류의 감소를 유발합니다.

이렇게 신장의 관류가 감소하면 신장 세포의 허혈(혈류가 부족한 상태)을 유발하고, 혈액을 통해 산소와 영양분을 원활하게 공급받지 못한 신장 세포는 기능 부전, 괴사가 발생하여 신장이 망가지게 됩니다.

> "아니, 이렇게 무서운 약물을 그동안 처방하셨나요?
> 이뇨제를 꼭 먹여야 하나요?"

위 설명을 듣고 혹시 이런 의문들이 드셨나요? 위 설명만 놓고 본다면,

이뇨제는 신장에 부담을 주는 위험한 약물일 수 있습니다. 따라서 신중히 사용해야 합니다. 하지만, 심장병으로 숨 쉬는 게 어려운 아이들에게 이뇨제는 꼭 필요한 약물입니다. 위험하지만 피할 수 없다면 슬기롭게 잘 사용하는 것이 중요합니다.

모든 심장 질환 환자에게 이뇨제가 필요한 것은 아닙니다. 앞서 심장병의 단계를 설명드렸는데, 초기 심장병 단계이거나 울혈성 심부전의 변화가 없다면 바로 이뇨제를 처방하지는 않습니다. 하지만 정밀 검사 결과 심장이나 폐에 체액 저류가 없다 하더라도, 판막 변성이나 역류가 심해 질병 진행이 빠를 것으로 예측되는 경우에는 이뇨제를 우선 처방하기도 합니다.

따라서 환자별로 이뇨제 처방의 시기와 용량이 달라지기 때문에, 정밀 검진을 통해 이를 결정해야 합니다. 환자 상태에 따라 적절한 양의 이뇨제를 사용하는 것은 환자에게 도움이 되는 일입니다.

이뇨제 사용 시, 이미 신부전을 겪고 있는 환자나 다른 질환으로 처방받은 약물 중 신독성을 지닌 약물을 함께 복용하는 경우, 또는 이뇨제를 장기간, 고용량으로 사용하는 경우 신장에 무리를 줄 수 있으니 특별히 주의해야 합니다.

따라서 앓고 있는 질병이나 복용 중인 약물이 있다면, 병원 방문 시 반드시 수의사에게 알려야 합니다. 부득이하게 이뇨제를 고용량으로 사용해야 할 때는, 신장의 각기 다른 위치에서 작용하는 여러 이뇨제들을 함께 사용하면 부작용을 낮출 수 있습니다.

"구더기 무서워 장 못 담그랴"라는 속담이 있습니다. 심장병 환자에게 이뇨제가 필요한 순간, 신장이 나빠질까 두려워 약을 쓰지 않아서 심장병이 더욱 악화되는 최악의 경우는 막아야 하지 않을까요?

신장의 세뇨관 구조와 이뇨제 작용 위치 모식도

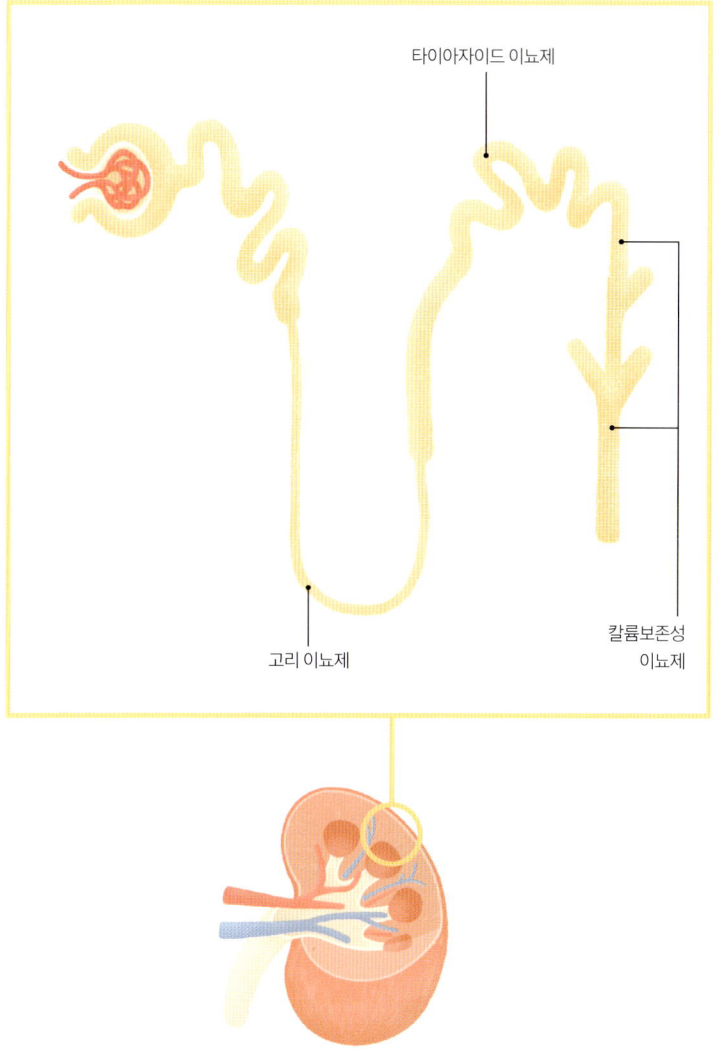

3.

심장병을 관리하면서
신장을 보호할 방법은 없나요?

이뇨제 처방 후 신장의 부담을 줄여주는 가장 좋은 방법은, 환자에게 약효가 유지되면서도 부작용이 나타나지 않는 최소한의 이뇨제 용량을 찾는 것입니다. 즉, 최소량의 이뇨제로 심장병을 관리하는 동시에 신장 수치, 전해질 불균형, 탈수, 혈압에 대한 주기적인 모니터링을 실시하여 신장에 무리가 가지 않도록 함께 관리하는 것이 좋습니다.

꼭 피를 뽑거나 추가적인 검사를 해야 하는지 의문이 드는 분들도 있을 겁니다. 환자마다 이뇨제로 인해 나타나는 전해질 불균형이나 탈수, 신장 관련 수치 변화 등 반응은 다양하게 나타납니다. 환자의 임상 증상이나 신체검사만으로는 이를 모두 예측하기 어려우며, 임상 증상이 명확하게 나타나거나 신체검사에서 이상이 확인되었을 때는 이미 손상이 상당히 진행된 경우가 많습니다.

그러므로 평상시 신선한 물을 충분히 섭취할 수 있게 하고, 환자의 안정기 호흡수, 체중 변화, 소변량 및 사료 섭취량 등을 잘 관찰하는 것이 중요합니다. 생활에서 과한 운동이나 스트레스를 줄이고, 이상이 발생하면 병원에 방문하는 것이 좋습니다. 추가적으로, 사료를 선택할 때는 나트륨과 인의 양은 적고 적절한 단백질과 칼로리를 섭취할 수 있는 제품을 고르는 게 중요합니다. 신장 보조제를 함께 주는 것도 좋은 방법 중 하나입니다. 오메가3, 항산화제, 비타민B, 비타민C, 비타민E, 유산균, 인 흡착제 같은 보조제를 통해 신장 보호에 도움을 줄 수 있습니다.

──────────── 신장 건강을 위한 사료 선택 기준 ────────────

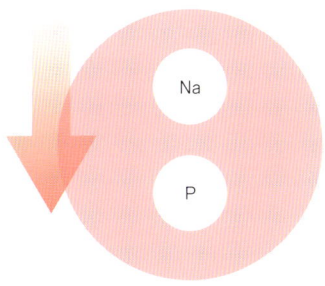

──────────── 신장 보호에 도움을 주는 보조제 ────────────

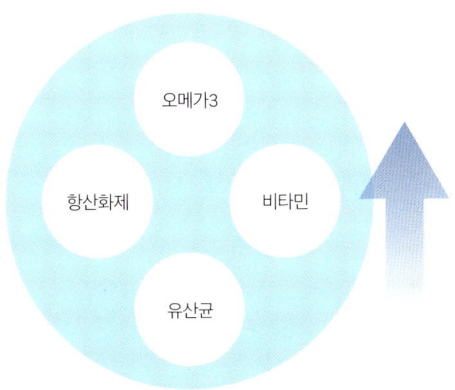

제6장

심장병과 식이 관리

1.
간식과 사료 라벨에서
꼭 확인해야 할 영양 성분

심장병뿐 아니라 다른 질환을 앓는 동물에게 있어, 먹이는 음식에 대한 영양 성분 확인은 필수적입니다. 간식이나 사료 구입 시 영양 성분 분석표를 잘 살펴봐야 하는데, 우선 전체적인 칼로리, 단백질과 지방 함량을 살펴보아야 하며, 그 외 마그네슘이나 칼륨, 비타민B 함량은 충분한지 확인해야 합니다.

───── 심부전 환자의 사료에서 확인해야 하는 영양 성분 ─────

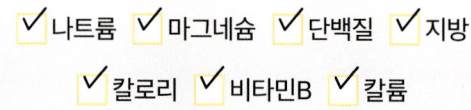

과거에는 심장병 환자의 혈압 조절을 위해 나트륨을 무조건 제한하라고 권했습니다. 하지만 과도하게 나트륨을 제한해 체내 나트륨 농도가 너무 낮아지면, 몸에서 일어나는 보상 작용으로 부신에서 알도스테론이라는 호르몬이 분비됩니다. 알도스테론은 신장에서의 나트륨 재흡수를 촉진시키며 혈압 상승을 유발하므로, 결국 심부전이 악화될 수 있어 주의해야 합니다. 세계소동물심장학회에서 발표한 심부전 단계에 따라 권장되는 나트륨 함량은 다음과 같습니다.

1A단계, 1B단계	식단 조절 불필요 또는 가벼운 정도의 제한(<100mg/100kcal)
2단계	보통의 제한(<80mg/100kcal)
3단계	중등도의 제한(<50mg/100kcal)

심부전이 있는 경우, 건사료 기준 나트륨의 비율은 성견 0.08~0.25%, 성묘 0.07~0.3% 정도가 적당합니다. 추천 음식으로는 감자, 생고기, 옥수수, 오이, 콩, 토마토가 있습니다. 사람이 먹는 빵이나 과자, 치즈, 마요네즈, 베이컨, 달걀, 햄, 통조림 참치, 피자, 아이스크림 등은 주지 말아야 합니다.

> **Q** 저염식은 간이 안 맞아서 강아지나 고양이들이 싫어하지 않을까? [19]
>
> 나트륨이 강아지와 고양이의 특정 미각세포 그룹을 자극하기는 합니다. 그런데 이러한 미각세포 그룹은 설탕이나 몇몇 아미노산으로도 자극할 수 있습니다. 그러니 저염식이라고 해서 무조건 기호성이 떨어지는 것은 아닙니다. 또한 습식 사료는 나트륨 함량이 높아지면 기호성이 증가하지만, 건식 사료는 나트륨 함량이 기호성과는 무관한 것으로 보고되고 있습니다. 저염식 사료가 일반 사료에 비해서도 기호성이 떨어지지 않고, 오히려 더 기호성이 좋다는 평도 있습니다.

심부전이 있는 경우 고도의 전신 쇠약 증세 및 심한 체중 감소가 동반될 수 있습니다. 특히 이러한 전신 쇠약까지 나타난 경우, 만성 신부전 등 다른 질병과 동반되는 경우가 많아 에너지 요구량은 더 늘어나게 됩니다. 거식증이 함께 발생할 경우 단백질 영양실조가 더 심해지므로, 적절한 양질의 단백질 공급을 통해 충분한 칼로리를 섭취하게 해야 합니다. 권장 단백질 함량은 5.14g/100kcal입니다.

심부전 치료 시, 이뇨제 사용으로 칼륨과 마그네슘 수치가 떨어질 수 있는데, 이러한 전해질 농도의 변화는 체내 항상성에 문제를 일으켜 부정맥이나 심근수축력 감소, 근력 저하 등을 유발할 수 있습니다. 또한 강심제를 비롯한 심장치료 약물의 부작용을 더 악화시킬 수 있으므로 충분한 양의 칼륨과 마그네슘 공급이 필수적입니다.

그러나 안지오텐신 전환효소 저해제(ACE-inhibitors)나 스피로노락톤(spironolactone)과 같이 칼륨 보존성 이뇨제를 치료약물로 사용하는 경우 고칼륨혈증이 생길 수 있습니다. 이러한 약물을 처방받은 경우 심부전 사료 섭취 시, 개체에 따라 고칼륨혈증으로 인한 부작용이 발생할 수 있으므로 주의해야 합니다.

---

[19] Small Animal Clinical Nutrition, 5th Edition, Michael S. Hand, Craig D. Thatcher, Rebecca L. Remillard

칼륨과 마그네슘은 주로 세포 내에 존재하는 전해질이기 때문에 전해질 검사, 즉 혈중 농도 검사로는 정확한 체내 정량을 알 수 없어, 칼륨과 마그네슘 부족을 정확하게 진단하기는 어렵습니다. 혈중 칼륨과 마그네슘 수치는 정상인데, 실제 체내 수치는 고갈 상태인 경우도 있습니다. 건식 사료 기준 칼륨 최소 비율은 성견 0.4%, 성묘 0.52%이고, 마그네슘 최소 비율은 성견 0.06%, 성묘 0.04%입니다.

마지막으로 비타민 함량을 확인해주는 것이 좋습니다. 만성 심부전을 앓는 환자는 이뇨제 사용 등으로 비타민, 그중에서도 특히 수용성 비타민이 몸 밖으로 많이 빠져나갑니다. 비타민은 종류에 따라 부족할 때 나타나는 부작용이 다양합니다. 사료에 비타민이 많이 포함되어 있더라도, 이뇨제를 다량 쓰는 경우 추가로 비타민 투여를 고려하는 것이 좋습니다. 수용성 비타민은 일반적으로 많이 먹이더라도 부작용이 거의 없으며, 체내에서 필요한 만큼 사용하고 나머지는 소변으로 배설되기 때문에 안전합니다.

비타민의 분류	
수용성 비타민	지용성 비타민
비타민B1(thiamin, 티아민) 비타민B2(riboflavin, 리보플라빈) 비타민B6(pyridoxine, 피리독신) 비타민B3(niacin, 니아신) 비타민B5(pantothenic acid, 판토테닉산) 비타민B12(cobalamin, 코발라민) 비타민B9(folic acid, 엽산) 비타민H / B7(biotin, 비오틴) 콜린	비타민A(retinol, 레티놀) 비타민D3(cholecalciferol, 콜레칼시페롤) 비타민E(alpha-tocopherol, 알파-토코페롤) 비타민K3(menadione, 메나디온) *고양이의 경우 비타민K3(phylloquinone, 파일로퀴논)

종류	기능	결핍	중독증
비타민A	• 시각단백질 요소 • 정자 형성·상피세포 분화 • 면역 기능 • 뼈 흡수	• 안구건조증/결막염 • 청각 장애(귀먹음) • 광선공포증(고양이) • 성장 장애 • 정자 무발생증	• 경추증(고양이) • 치아 소실(고양이) • 성장 장애 • 홍반
비타민D	• 칼슘·인 균형 • 뼈 무기화·흡수 • 인슐린 생성	• 구루병 • 골연화증/골다공증	• 과칼슘혈증 • 석회증
비타민E	• 생물학적 항산화제 • 세포막 유지	• 불임(수컷) • 피부 질환 • 면역 결핍	• 비타민K를 감소시켜 응고 시간 지연
비타민B1 (티아민)	• 티아민 인산염 요소 • 탄수화물 및 에너지 대사에 관여 • 신경세포 및 근육 활동에 필수	• 다발성 신경염 • 복측 굴곡(고양이) • 부전마비(개) • 심근비대(개)	• 저혈압 • 서맥
비타민B2 (리보플라빈)	• 대사과정 중 조효소로 작용 • 항산화 활동 조절을 도움	• 성장 장애 • 허탈증후군(개) • 지방간(고양이)	• 독성 미비함
비타민B3 (니아신)	• NAD, NADP 효소의 요소 • 각종 에너지 대사, 신경계, 소화계, • 피부, 호르몬 등의 작용을 도움	• 성장 장애 • 혀 괴사(개) • 혀 궤양(고양이)	• 독성 미비함 • 경련 • 혈변

종류	기능	결핍	중독증
비타민B5 (판토텐산)	• CoA의 전구물질 • 콜레스테롤, 중성지방 생성 • 심혈관 기능 및 스트레스 반응 조절	• 수척해짐 • 혈청 내 콜레스테롤, 중성지방 감소 • 혼수	• 독성 미비함
비타민B6 (피리독신)	• 단백질, 아미노산 대사에 관여 • 타우린, 카르니틴, 트립토판 생성 • 헤모글로빈 및 신경전달물질 합성	• 성장 장애 • 소적혈구 저색소 빈혈 • 경련 • 신장요세관 위축 • 방광결석(수산칼슘)	• 독성 미비함 • 실조(개)
비타민B7 (비오틴)	• 탄수화물, 아미노산, 지방 대사에 관여 • 피부와 모발 건강	• 과다각화증 • 탈모(고양이) • 과유연 • 혈변(설사)	• 독성 미비함
비타민B9 (엽산)	• 단백질, 당 대사에 관여 • 아미노산과 핵산(DNA) 합성에 필수 • 세포 및 혈액 생성에 필수	• 백혈구감소증 • 저색소 빈혈 • 거대적혈구모빈혈 (고양이) • 응고 지연	• 독성 없음
비타민B12 (코발라민)	• 세포 분열, 핵산 및 혈액 생성 • 신경조직 대사에 중요	• 성장 지연(고양이) • 메틸말로산성 산성뇨 • 빈혈	• 반사 반응 변형
콜린	• 지방의 구성과 대사에 관여 • 신경전달물질인 아세틸콜린 기능에 관여 • 뇌 기능에 필수 미량 영양소	• 지방간(개) • 응고 시간 지연 (PT time) • 흉선 위축 • 간엽 주변 침윤(고양이)	• 알려진 독성 없음

2.

함께 주면
도움이 되는 영양제[20]

L-카르니틴(L-carnitine)은 아미노산의 일종으로 심장 근육의 에너지 생산에 필수적입니다. 심장 근육에 산소 공급을 촉진하고 회복을 도와줍니다. 부작용이 적지만 가격대가 비싼 편이고, 개의 L-카르니틴 최소 요구량은 정확히 논의된 바가 없지만, 하루 세 번 kg당 50~100mg을 경구투여하는 것이 권고됩니다.

코엔자임큐텐(coenzyme Q10)은 세포 내에서 에너지 생산을 담당하는 소기관인 미토콘드리아에 작용하며 심장 근육의 에너지 생산에 관여하는 조효소로 알려져 있습니다. 항산화 효과가 있으며 강아지의 경우 심근대사 효율성을 높여줄 것으로 기대됩니다. 반려견에게 하루 2번, 30~90mg 정도 경구투여하는 것이 권고됩니다.

타우린(taurine)은 고양이에게 필수적인 영양소여서 사료에 꼭 포함

---

20 Small Animal Clinical Nutrition, 5th Edition, Michael S. Hand, Craig D. Thatcher, RebeccaL. Remillard.

해야 하지만, 개는 체내 합성이 가능하므로 필수 영양소가 아닙니다. 하지만 특정 종(아메리칸 코커 스패니얼, 뉴펀들랜드, 포르투기스 워터독, 골든 리트리버)에게는 타우린 부족이 확장성 심근병증(dilated cardiomyopathy, DCM)과 연관성이 높은 것으로 드러났습니다. 또한 저단백, 고섬유질 사료가 타우린 부족과도 관련 있는 것으로 확인됩니다.

타우린은 혈압을 안정시키고 심근의 수축력 변화를 유발하므로 부정맥이나 심부전에 유용하다고 알려져 있습니다. 권고 용량은 하루 2~3회, 250~1000mg입니다. 일반 음식에 포함된 타우린 농도는 다음과 같습니다.

음식 종류	타우린 농도(mg/kg), (건식 기준)
익히지 않은 소고기	1,200
익히지 않은 닭고기	1,100
익히지 않은 대구	1,000
익히지 않은 양고기	1,600
익히지 않은 돼지고기	1,600
캔 참치	2,500
쥐 사체	7,000

피시 오일(fish oil)에 포함된 n-3지방산의 경우 충분한 칼로리를 제공해 주며, 특히 면역 기능과 염증 매개인자 생성 및 혈류 역학에 큰 영향을 미칩니다. n-3지방산은 염증 매개인자로 알려진 TNF나 IL-1의 생성을 감소시켜 염증 유발을 줄여주고, 근육 손실 방지, 부정맥 방지, 식욕 증진

효과가 있습니다. 또한 체내에서 이용되고 난 후의 부산물은 다른 지방산에 비해 염증 유발이 훨씬 더 적은 것으로 알려져 있습니다. 40mg/kg의 EPA와 25mg/kg의 DHA를 포함한 피시 오일 지방산이 권고되며, 무기력증이나 심한 체중 감소가 있는 동물에게 급여하면 효과가 좋은 것으로 알려져 있습니다.

항산화제를 먹여 세포 손상을 방지하며 근육 수축력을 증진시키고 염증 반응을 최소화함으로써 관상동맥 관련 질환을 예방하거나 치료할 수도 있습니다.

제7장

심장병이 있는 아이들의 보호자가 꼭 알아야 할 점

1.

평상시 관리 방법 - 흥분과 스트레스 관리

심장병이 있는 아이들은 꾸준한 관리가 필요합니다. 심장병이 발병하면 약물 치료와 관리로 병의 진행 속도를 늦춰야 합니다. 심장병은 댐과 같습니다. 여러 가지 이점을 위해 물을 가두고 쌓아 둔 둑이지만, 폭우나 태풍 등이 발생할 때 댐의 수위를 미리미리 조절하지 못한다면 결국 둑은 터지고 엄청난 피해가 발생합니다. 마찬가지로, 심장의 과부하로 인해 증상 발병 시 이를 미리 관리해주지 못한다면, 회복이 어려운 상태가 되거나 회복에 오랜 시간이 걸립니다. 심장에 과부하가 생기는 이유로는 흥분, 스트레스, 과도한 운동이 있습니다. 평상시 심장에 무리가 가지 않는 환경을 조성하는 것이 약물 치료만큼 중요합니다.

심장병이 있는 환자가 흥분하거나 스트레스를 받으면 심장이 빨리 뛰게 됩니다. 이 경우, 심장에서 혈액을 전신으로 보내기 위한 충분한 수축이 이루어지지 못해 전신으로의 혈액 공급이 줄어들며, 몸에서는 이를 혈액량 부족으로 인지해 심박수를 더욱 올리게 됩니다. 결국 혈액 순환이 잘 되지 않지요.

이런 상황을 방지하기 위해서는 다음과 같은 관리 방법이 필요합니다.

1) 운동 제한

가벼운 산책 외에 공놀이, 달리기 등 환자가 헉헉거리며 힘들어하는 운동은 심장에 무리가 갈 수 있습니다. 반려동물들은 한번 흥분하면 인위적으로 안정시키기 힘들므로, 처음부터 운동 제한을 하는 것이 좋습니다.

환자의 상태에 따라 미용이나 목욕이 제한되는 경우가 많습니다. 이럴 때는 본격적인 미용을 하기보다는, 입 주위 등 지저분해지는 부위나 미끄러지기 쉬운 발바닥 털 정도에 한해 스트레스를 받지 않도록 집에서 조금씩 정리해 주는 것이 좋습니다.

2) 클래식 음악[21]

심박수를 안정시키고 혈압을 낮추는 데 클래식 음악이 도움 된다는 보고가 있습니다. 분당 50~60비트의 느린 피아노 음악을 50데시벨 정도 음량으로 들려주면 동물들이 편안하고 안정된 상태를 유지하는 데 도움이 됩니다.

3) 아로마 테라피[22]

아로마 테라피로도 동물을 안정시키고 편안하게 하여 심장을 안정시키는 효과를 볼 수 있습니다. 특히 라벤더 향기의 효과는 문헌으로 보고되어 있으며, 천연 라벤더 오일을 초음파 방식을 통해 향을 내 주면 심장이

---

[21] Köster, Liza S., et al. "The potential beneficial effect of classical music on heart rate variability in dogs used in veterinary training." Journal of Veterinary Behavior 30(2019): 103-109.

[22] Amaya, Veronica, et al. "Effects of Olfactory and Auditory Enrichment on Heart Rate Variability in Shelter Dogs." Animals 10.8(2020): 1385.

안정되고 편안한 상태를 만들어 주는 데 도움이 됩니다. 이 외에도 안정이나 스트레스 완화에 좋은 향들이 연구되어 있으며, 이러한 아로마 테라피 역시 스트레스 완화의 보조 수단으로 활용해 볼 수 있습니다.

다만, 사람에게는 좋다는 일부 인공 향이 동물에게 좋지 않다는 보고가 있습니다. 시나몬이나 유칼립투스, 티트리, 페퍼민트, 클로브(정향), 윈터그린, 타임 등은 동물이 피해야 할 향기로 알려져 있습니다. 아직 과학적 연구 결과가 많지 않아 동물에게 좋은 향과 해로운 향에 대한 의견이 엇갈리기도 합니다. 소량이라면 큰 문제가 없지만 많은 양을 지속적으로 사용하는 경우는 주의해야 합니다.

2.

언제 병원을 가야 할까요?

언제 병원을 가야 하는지 알기 위해서는 평상시 아이의 상태를 유심히 살펴보는 관심이 필요합니다. 환자의 평소 호흡수, 활동성, 식욕 및 체중, 음수량과 소변량 등은 보호자가 상시 관찰할 수 있는 지표이며, 이러한 지표 변화를 통해 이상 상태를 인지할 수 있습니다.

가장 유용한 지표는 평상시 호흡수입니다. 환자가 잠들었을 때 1분간 쉬는 호흡수를 매일 확인하는 것은 심장병 관리에 매우 효과적입니다. 잘 때의 호흡수 대신 안정 시 호흡수도 사용 가능하지만, 주변 환경에 영향을 많이 받기 때문에 정말 안정된 상태인지 확인이 어려울 때가 있습니다.

잘 때의 호흡수는 간단한 계산을 통해 구할 수 있습니다. 1분 타이머를 맞춰 놓고 반려동물의 가슴이 올라갔다 내려갔다 하는 횟수를 헤아려 호흡수를 구할 수 있습니다. 잘 때의 호흡수는 1분당 30회 이하가 정상입니다. 잘 때 호흡수가 분당 30~40회라면 더 증가하는지 지켜봐야 하며, 분당 40회 이상이라면 동물병원에 내원해 건강 상태를 확인하고 알맞은 처치를 받아야 합니다.

잠잘 때의 호흡수 (sleeping respiratory rate, SRR) [23]	횟수(1분)	상태
	30회 이하	정상
	30~40회	주의
	40회 이상	동물병원 내원 필요

환자가 식욕 감소나 체중 감소를 보이는 경우도 주의해야 합니다. 일시적인 식욕 저하의 경우, 평상시 잘 먹었거나 기호성이 좋은 습식 사료, 음식의 온도 조절 등을 통해 식욕을 돋우려 노력할 수 있을 것입니다. 그러나 지속적인 식욕 감소가 나타나거나, 이로 인해 체중이 감소한다면 수의사와 상의하는 것이 좋습니다. 처방받은 약물이나 급여한 음식에 변화가 없었는데도 음수량의 급격한 변화나 소변량의 변화가 생겼다면 병원에 내원하는 게 좋습니다.

이 외에 환자가 깨어 있을 때 입을 벌리고 숨을 쉬는 개구호흡을 하거나 지속적인 기침(기관 허탈, 폐렴 등 기침의 다른 원인이 없을 때)을 할 경우에도 병원에 내원하여야 합니다. 특별한 증상이 없더라도, 꾸준하고 정기적인 평가를 통해 미리미리 심장병을 관리하는 노력도 중요합니다.

---

[23] Porciello, F., et al. "Sleeping and resting respiratory rates in dogs and cats with medically-controlled left-sided congestive heart failure." The Veterinary Journal 207(2016): 164-168.

이 책을 펴내며

진료를 보다 보면 고통스러운 순간에 직면할 때가 종종 있습니다. 그중에서도 환자의 좋지 않은 예후나 죽음을 보호자에게 알려야 하는 일이 가장 힘든 순간입니다. 경험을 많이 하더라도 늘 익숙해지지 않는 일이지만 초년 수의사 시절엔 그 고통이 더욱 무거웠던 것 같습니다.

심장병으로 오랜 기간 치료받으며 증상의 호전과 악화를 반복하던 한 아이가 있었습니다. 통원 관리와 입원치료가 반복되던 아이였는데 응급 내원의 주기가 짧아질수록 고민이 많아졌지요. 산소 케이지에서 가쁜 숨을 몰아쉬며 계속 기침을 해대는 아이를 바라보며 더 해줄 수 있는 것이 없던 저 자신이 무능하게 느껴졌습니다.

환자의 상태가 호전되지 않자 보호자분은 시간이 얼마 남지 않았음을 직감하셨고 어떤 게 아이를 더 편하게 해주는 길인지 상담을 요청하셨습니다. 하지만 그때 저는 아이를 보낼 준비가 되지 않았습니다. 제가 무언가 놓치고 있는 건 아닌지, 무언가 더 해줘야 하는 건 아닌지, 약을 바꿔야 하는지 아니면 다른 약을 추가로 써야 하는지, 더 해줄 수 있는 건 없는지 크게 고민했습니다. 조금만 더 치료해 보자고 보호자를 설득하기도 했죠.

그러나 얼마 뒤 아이는 세상을 떠났습니다. 차라리 조금이라도 더 일찍 아이가 편할 수 있도록 도와주었어야 했던 건 아닌지 마지막까지 아이를 힘들게 한 것만 같아 후회가 밀려왔습니다. 그렇게 또, 한 생명과 이별을 하였습니다.

환자를 떠나보내고 두 달이 다 되어 가는 어느 날, 보호자분께서 저를 찾아왔습니다.

'무슨 일이시지? 어떤 이유로 오신 걸까?'

원무과로 향하는 발걸음을 재촉하며 머릿속에는 많은 생각이 스쳤습니다. 혹시 아이를 보내는 과정에 원망의 마음이 생긴 건 아닐까. 할 수 있는 최선을 다했었고 의학적으로 어떻게 더 설명해 드려야 할지 마음이 복잡했습니다.

"○○ 어머님, 어쩐 일이세요?"

복잡하고 심각한 표정의 저를 보호자분께서 물끄러미 바라보셨습니다.

"선생님, 오늘 우리 아이 49재 지내고 돌아오는 길이에요. 한번 뵈러 오고 싶었는데 그게 잘 안되었어요. 마지막까지 애 많이 써주셨는데, 우리 아이 참으로 예뻤는데, 선생님을 보면 우리 아이의 마지막 힘든 모습이 생각날 것만 같아서요. 그런데 선생님, 여기 오니 선생님께서 저를 '○○ 어머님' 이렇게 불러주시는데 왠지 모르게 마음이 벅찼습니다. 그냥, 오늘따라 아이가 너무 보고 싶어서요. 선생님이라면 우리 아이를 기억해주실 것 같아서 한번 뵙고 싶었습니다. 바쁘실 텐데 죄송합니다."

'아...'

커피믹스를 한잔 타서 보호자분께 드렸습니다.

"어머니, 혹시 아이가 보고 싶다면 언제든지 오세요. 제가 기억하고 있어요."

그 뒤로도 보호자분께서는 두 번 정도 더 방문하셨습니다.

아이들을 정말로 좋아합니다. 수의학을 공부하는 것이 늘 행복했고, 아이들을 치료하면서 언제나 보람을 느꼈습니다. 부끄러운 의사가 되지 않기 위해서, 끊임없이 공부했죠. 시간을 쪼개가며 바쁘게 공부하고 진료도 보고 밤새 아이들을 보면서 스스로 좋은 선생님이라고 위안 삼았던 것 같습니다. 하지만 아무리 의학적 지식을 많이 쌓고 열심히 노력한다고 해서 꼭 좋은 선생님이 되는 건 아니었습니다. 저에게는 수많은 환자 중 하나지만 누군가에게는 하나뿐인 가족인 것입니다. 이 작고 여린 가족을 돌보기 위해서는 무엇보다 보호자분들과의 소통과 공감이 중요하다는 걸 그때 깨달았습니다.

그 이후로 십 년도 더 넘는 시간이 흘렀습니다. 얼마 전, 인기리에 방영되었던 <슬기로운 의사생활>이라는 드라마의 한 에피소드를 보다가 저는 깜짝 놀랐습니다. 배우 차청화 씨가 '연우 엄마' 역으로 연기하셨는데 죽은 아이가 생각나서 아이가 죽고 나서도 계속 병원을 찾아가는 장면을 볼 때였습니다. 아이를 기억해 주는 곳은 병원뿐이고 그곳에서는 여전히 그녀를 '연우 엄마'라고 불렀기 때문입니다. 그 장면을 보자 마음이 요동을 치면서 잊고 있던 그날의 기억이 생생히 되살아나 눈물이 흘렀습니다.

'내 이야기랑 똑같네. 그때 그 보호자분도 딱 저런 마음이었구나...'
2009년쯤 나에게 큰 울림을 준 경험과도 비슷한 드라마 속 이야기가 2021년에 또 다른 시간과 공간에서 누군가의 공감을 받고 있었습니다.
시간이 흐르면서 문화도 빠르게 바뀌고 있습니다. 요즘은 대체로 반려동물들이 가족으로서 인정받고 있지만, 아직도 누군가에게는 천덕꾸러기 취급을 받기도 합니다. 반려동물과 함께하기 위해서 공존에 대한 많은 고민이 필요한 시점이라고 생각합니다. 사람과 마찬가지로 반려동물도 노령화로 인하여 다양한 질병이 발생하고 있습니다. 아이들이 아플 때

가장 애가 타는 것은 역시 가족일 것입니다. 진료 현장에서 느낀 것 중의 하나는 의료진이 무엇을 얼마나 아는지도 중요하지만 보호자와 소통을 통하여 서로를 이해하는 게 훨씬 더 중요하다는 것입니다. 본 저서는 보호자분들이 반려동물의 질환을 더 잘 이해하고 환자의 관리에 도움이 되도록 마음을 담아 작성하였습니다. 이 책이 필요한 분들에게 닿아 아픈 아이를 케어하는 데 많은 도움이 되길 바랍니다.

2022년 2월
강민희 교수

1997년 봄 정도로 기억하는데 제가 서울대학교 동물 병원 내과 조교로 근무할 당시에는 노령 동물이 흔치 않은 상황이었습니다. 또한 그 시기의 질병은 장염, 디스템퍼 바이러스 감염과 같은 감염성 질병이나, 호흡기 질병이 대부분이었습니다. 대부분의 반려동물들은 어리거나 젊은 나이였으며 요즘처럼 동물들의 노령화 정도도 크지 않아 심장이나 신장 질병이 흔하지 않았습니다. 이에 따라 종양, 신경 질병 등도 흔하지 않았습니다.

어느 토요일 오후, 병원에서 당직을 하고 있는데 큰 타월로 아픈 아이를 안고 허겁지겁 내원한 보호자분이 기억납니다. 기억이 맞다면 환자의 연령이 18세였으니 당시에는 흔하지 않은 환견이었습니다. 소변을 보지 못하고 계속 숨이 차서 헉헉거리는 증상이 있어 다른 동물 병원에서 수액 치료 등을 받았으며 어느 곳에서도 정확한 원인을 밝혀내지 못해 저희 병원으로 내원한 것이었습니다.

우선 혈액검사, 혈액화학검사, 뇨검사, 방사선과 신장 초음파 검사 등을 실시했습니다. 신장의 크기는 작지 않고 정상이거나 약간 큰 정도였으나, 뇨질소혈증이 상당히 심하고 신장의 실질은 모두 하얗게 변한 상태였습니다.

수액과 이뇨제 투여, 그리고 여타 내과적 처치 등을 병행했지만 환견의 뇨는 끝내 생성되지 않았으며, 의학적 지식을 재검토하고 동원해 보았지만 명확한 원인은 쉽게 밝혀지지 않았습니다. 보호자분께서는 아이를 살려달라고 하시면서 치료하는 내내 꼭 안고 계셨습니다. 아무리 보호자라도 치료 과정에 안은 채 늘 함께하기란 쉽지 않았을 텐데 참으로 대단하다고 느꼈습니다.

자연스레 보호자분과 아픈 아이에 대한 이야기를 많이 나누게 되었습니다. 자녀분이 없으셨던 보호자께서는 아버님과 함께 아이를 자식처럼 기르셨습니다. 지금까지 살아온 날들에 관해 하나하나의 소중한 사연들을 들어보니 너무나도 귀중한 시간들이었다고 느꼈습니다. 최근 자주 사용하는 단어인 '반려견(companion dog)'을 글자 그대로 살아온 가족이 아닌가 생각이 듭니다.

그 보호자분과 나눈 대화를 계기로 수의사로서의 인생에 큰 전환점이 된 것 같습니다. 당시만 해도 질병이 있는 개와 고양이를 수의학적인 의술로만 접근하여 치료에 몰두했지만 그 너머에 아이들을 가족처럼 기르고 있는 보호자분들의 모습과 거기서 비롯되는 사랑이 비로소 보이기 시작한 것입니다.

그 아이는 결국 호전되지 못하고 보호자와 이별하였습니다. 이후 질병의 실마리는 보호자분과 나눈 대화에서 찾았는데, 보호자분의 철물 작업장에서 기름처럼 보이는 액체를 핥아먹어 급성신부전으로 발전하게 된 것입니다.

당시 보호자는 펫로스신드롬 (pet loss syndrome)으로 가족을 잃은 슬픔을 느끼게 되었습니다. 요즘은 개와 고양이가 현대인들과 가장 많이 함께하는 반려동물입니다. 가족의 일환으로서 함께 건강하고 행복한 삶을 살기 위해서는 보호자분들께서도 반려동물이 가지는 습성, 행동, 식생활 등에 있어서 전문가가 되지 않으면 어려움이 많을 것 같습니다.

수의사이자 수의학을 교육하는 학자로서 보호자들의 마음에 공감하고 이해하는 것이 중요하다는 것을 깨닫는 계기였고 이를 통해 아픈 동물의 질병을 치료하는 새로운 방법들을 발전시켜 나가야겠다는 의지를 키웠습니다.

아픈 동물들을 돌보기 위해 언제나 노력하는 관련 종사자분들이 많이 계십니다. 또한 그들을 직접적으로 돌보면서 진료에 대해 궁금해하는 수많은 보호자분들도 계십니다. 반려동물의 건강 파수꾼으로서 서로가 서로에게 보다 깊은 이해와 공감을 실천하기를 바라는 마음으로 이 책을 출간합니다.

2022년 2월
박희명 교수

책을 마무리하며

누구보다 사랑하는 아이를 먼저 떠나보낸 분들께

서희도 보호자님과 같은 슬픔을 경험했기에 아픈 아이와 함께했던 여정이 가슴 아픈 상처로 남는다는 것을 잘 알고 있습니다.

그리고 그 상처의 크기가 사랑의 크기에 비례한다는 것 역시 누구보다 잘 알고 있기에 위로의 말씀을 드리기가 조심스럽습니다.

다만 보호자님의 사랑을 많이 받고 떠났을 아이를 함께 기억하고 싶습니다. 보호자님의 아픔을 깊이 이해하며 저희는 앞으로도 떠난 아이들과 남은 아이들을 위해 행동하겠습니다.

감사합니다.

존경과 애정을 담아 조공 드림

반려동물 심장병 안내서
ⓒ2022. 강민희·박희명·노웅빈·송두원·이가원·박수빈·김종원·강현민·강동재

개정판 2쇄 인쇄 2023년 1월 31일
개정판 1쇄 발행 2022년 4월 22일

기획 조공 | **지은이** 강민희·박희명 외 7인 | **그린이** 조공 | **펴낸이** 이미리
편집 고경원 | **디자인** 김진영·서지애

펴낸곳 조앤강(주)
출판등록 2020년 9월 25일(제2020-000135호)
주소 (05854) 서울특별시 송파구 송파대로 201(문정동) 송파테라타워2 B동 1618호
전화 070-4617-5956 | **팩스** 02-6423-5967 | **이메일** help@choandkang.com

저작권법에 따라 보호받는 저작물이므로 무단 전재 및 복제를 금합니다.
책 내용 전부 또는 일부를 인용하려면 반드시 사전에 저작권자와 조공의 서면 허가를 받아야 합니다.